冶金职业技能鉴定理论知识培训教材

初级轧钢加热工

戚翠芬　主　编
李秀敏　副主编

北　京
冶　金　工　业　出　版　社
2012

内 容 提 要

本书为冶金职业技能鉴定理论知识培训教材，完全与职业技能鉴定标准相吻合，其主要内容包括：钢的分类、钢坯缺陷判断与处理方法，钢的加热工艺及缺陷，燃料基础知识和炉体耐火材料，加热炉上料下料，轧钢工艺过程，加热炉仪表及安全生产等。

图书在版编目（CIP）数据

初级轧钢加热工/戚翠芬主编．—北京：冶金工业出版社，2012.7

冶金职业技能鉴定理论知识培训教材

ISBN 978-7-5024-5916-1

Ⅰ.①初… Ⅱ.①戚… Ⅲ.①热轧—技术培训—教材 Ⅳ.①TG335.11

中国版本图书馆 CIP 数据核字（2012）第 134584 号

出 版 人 曹胜利
地　　址 北京北河沿大街嵩祝院北巷 39 号，邮编 100009
电　　话 (010)64027926 电子信箱 yjcbs@cnmip.com.cn
责任编辑 俞跃春 常国平 美术编辑 彭子赫 版式设计 孙跃红
责任校对 郑 娟 责任印制 李玉山
ISBN 978-7-5024-5916-1
北京百善印刷厂印刷；冶金工业出版社出版发行；各地新华书店经销
2012 年 7 月第 1 版，2012 年 7 月第 1 次印刷
850mm×1168mm 1/32；4.125 印张；81 千字；121 页
13.00 元

冶金工业出版社投稿电话：(010)64027932 投稿信箱：tougao@cnmip.com.cn
冶金工业出版社发行部 电话：(010)64044283 传真：(010)64027893
冶金书店 地址：北京东四西大街 46 号(100010) 电话：(010)65289081(兼传真)
（本书如有印装质量问题，本社发行部负责退换）

前言

推行职业技能鉴定和职业资格证书制度不仅可以促进社会主义市场经济的发展和完善，促进企业持续发展，而且可以提高劳动者素质，增强就业竞争能力。实施职业资格证书制度是保持先进生产力和社会发展的必然要求，取得了职业技能鉴定证书，就取得了进入劳动市场的通行证。

广大轧钢加热工具有较为熟练的操作技能和较为丰富的实践操作经验，但缺乏专业理论知识。为提高轧钢加热岗位工的专业理论素质，便于对轧钢加热工进行职业技能鉴定，河北工业职业技术学院轧钢教研室与多家轧钢企业合作，开发出了轧钢加热工理论知识培训教材。

本书内容是依据《中华人民共和国职业技能鉴定标准——轧钢卷》，结合热轧厂的实际情况确定的，并与职业技能鉴定理论考试内容一一对应。本书在具体内容的组织和安排上注意融入新技术；考虑了岗位工学习的特点，深入浅出、通俗易懂，理论联系实际，强调知识的运用；将相关知识要点进行了科学的总结提炼，形成了独有的特色，易学、易懂、易记，便于职工掌握加热生产的专业知识。

本书由河北工业职业技术学院戚翠芬任主编，李秀敏任副主编，参加编写的还有张志旺、杨晓彩、陈涛、袁建路、张景进、赵金玉、耿波、袁志学、孟延军。全书由巩甘雷博士主审。同时，在编写过程中参考了大量文献，得到了有关单位的大力支持，在此一并表示衷心的感谢。

由于编者水平所限，书中不足之处，敬请广大读者批评指正。

编 者

2012 年 4 月

目　　录

钢的分类及技术要求

1.1 钢的定义

钢是铁和碳的合金，一般认为钢的含碳量在0.0218%～2.11%之间，而大多数钢的含碳量在1.4%以下。钢是用生铁或废钢为主要原料，根据不同性能要求，配加一定合金元素炼制而成的。钢的基本成分为铁、碳、硅、锰、磷、硫等元素。钢经过轧制，成为国民经济各部门所需要的钢材。

1.2 钢的分类

钢的分类方法如下：

(1) 按化学成分分为碳素钢（低碳钢、中碳钢、高碳钢）；合金钢（低合金钢、中合金钢、高合金钢）。

(2) 按用途分为结构钢（碳素结构钢、优质碳素结构钢、合金结构钢）；工具钢（碳素工具钢、合金工具钢、高速工具钢）；特种钢（不锈钢、耐热钢、耐酸钢、耐磨钢）。

（3）按质量分为普通钢、优质钢、高级优质钢、特级优质钢。

（4）按冶炼方法分为平炉钢（碱性平炉钢、酸性平炉钢）；转炉钢（顶吹转炉钢、侧吹转炉钢、底吹转炉钢）；电炉钢（电弧炉、电渣炉、感应炉）。

（5）按脱氧程度分为沸腾钢、镇静钢、半镇静钢。

1.3 钢牌号的表示方法

钢的种类很多，成分复杂而性能不一。为了便于识别和称呼，需要对钢进行编号，以明确的、简短醒目的符号表示所代表钢的化学成分及主要性能指标。有了钢号，人们对于具体的某一钢种就有了共同概念，这给生产、使用都带来了很大的便利。

世界各国都有自己的钢种编号，但至今尚无一种完美无缺的钢种编号方法。我国是根据不同钢类、不同用途、不同冶炼方法及不同质量要求对钢种进行编号的。下面简单介绍几种钢的牌号。

1.3.1 碳素结构钢牌号

碳素结构钢的牌号由代表屈服点的字母、屈服点数值、质量等级符号、脱氧方法符号等四部分按顺序组成，例如：Q235—A · F。碳素结构钢牌号各部分的具体意义如下：

Q——钢材屈服点（“屈”字汉语拼音首位字母）；

数值——屈服点（σ_s）下限值的大小，MPa；

A，B，C，D——分别为质量等级，D级最高；

F——沸腾钢（“沸”字汉语拼音首位字母）。

例如，碳素结构钢牌号有Q195、Q215、Q235、Q255、Q275。

1.3.2 优质碳素结构钢牌号

优质碳素结构钢的牌号用两位数字来表示，数字表示钢中平均含碳量的万分数。根据含锰量的不同，又分为两组：含锰量小于0.8%为正常含锰量钢；含锰量为0.8%～1.2%的为较高含锰量钢。

例如：45表示的意义为平均含碳量为0.45%的镇静钢；

65Mn表示的意义为平均含碳量为0.65%的较高含锰量钢；

08F表示的意义为平均含碳量为0.08%的沸腾钢。

例如：优质碳素结构钢牌号有45号、55号、60号、60Mn。

1.3.3 低合金高强度钢牌号

低合金高强度钢的牌号由代表屈服点的字母、屈服点数值、质量等级符号、脱氧方法符号等四部分按顺序组成。

例如：Q345—A·F。

Q——钢材屈服点（“屈”字汉语拼音首位字母）；

A，B，C，D——分别为质量等级。

例如，低合金高强度钢牌号有Q295、Q345、Q390、Q420、Q460。

1.4 加热钢坯的钢种、规格及技术要求

以某热带厂为例进行介绍。

1.4.1 原料种类、规格及技术条件

（1）主要钢种见表1－1。

表1－1 主要钢种

钢　种	牌　号
普通碳素结构钢	Q215～Q235
低合金结构钢	Q295～Q345
优质碳素结构钢	20～30

（2）常用连铸坯规格与单重。

1）板坯厚度：150～200mm。

2）板坯宽度：350～650 mm。

3）板坯长度：

①一列材，5600～6500mm；

②二列材，2400～3100mm。

4）最大坯重：6.6t。

（3）连铸坯尺寸及允许偏差见表1－2。

表1－2 连铸坯尺寸及允许偏差 （mm）

厚度	允许偏差	宽度	允许偏差	长度	允许偏差
160	±5.0	1050	+15/－5	公称尺寸	0～+30
180	±5.0	1200	+15/－5	公称尺寸	0～+30
220	±6.0	1600	+15/－10	公称尺寸	0～+30
250	±6.0	1600	+15/－10	公称尺寸	0～+30

1.4.2 原料一般技术要求

（1）连铸板坯公称厚度为150～200mm，坯料横截面脱方不大于6mm，公称厚度大于200mm，坯料横截面脱方不大于8mm。

（2）坯料不平度每米不得大于15mm，总不平度不得大于总长度的1.5%。

（3）坯料的镰刀弯每米不得大于8mm。

（4）坯料宽面上的鼓肚总高度不得大于宽面边长的1%，坯料侧面的凸起高度（单面）不应大于坯料厚度的5%。

（5）坯料宽面上的凹陷（单面）不得大于5mm，坯料侧面的凹陷（单面）不得大于5mm。

（6）坯料断面长度方向的切斜不得大于20mm，厚度方向的斜切不得大于10mm。

（7）连铸坯料表面不得有重接，重叠，翻皮，结疤，夹杂，深度或高度大于3mm的划痕、压痕、擦伤、气孔、冷溅、皱纹、凸块、凹坑和深度大于2mm的裂纹；不得有高度大于5mm的火焰切割瘤。

（8）连铸坯料横截面不允许有缩孔、皮下气泡、裂纹。

（9）坯料清理处应圆滑无棱角，宽深比不小于6，长深比不小于10，表面清理的深度单面不得大于厚度的10%，两相对面清理深度和不得大于厚度的15%，清理深度自实际尺寸算起。

1.4.3 尺寸测量标准

（1）厚度：应在离开端面 200 ~ 300mm 处避开圆角测量。

（2）宽度：应在连铸坯长度的中部测量。

（3）长度：应沿宽面的中心线测量。

钢坯缺陷的判断和处理方法

2.1 钢坯缺陷的分类方法

钢坯缺陷又可分为外部缺陷和内部缺陷两类，这些缺陷直接影响钢材的生产及成品质量。因此，必须熟悉钢坯的各种缺陷特征，按钢坯技术要求把好质量第一关。

2.2 钢坯缺陷的判定方法和标准

对钢坯进行表面检查很重要，钢坯放置在原料场地后，要逐根进行检查。钢坯质量的检查直接影响着产品产量和质量。钢坯质量不好，钢在轧制过程中就会出现缺陷，生产出废品，影响成材率，也白白地浪费能源。所以，对钢坯的质量进行检查是原料岗位操作人员一项必不可少的任务。

2.2.1 外部缺陷

2.2.1.1 结疤

结疤特征：呈舌形、块状或鱼鳞状不规则地分布在钢坯表面。其面积、大小和厚度不均；外形轮廓不规则，有的闭合，有的张开，有的一端与钢坯连成一体，有的陷在钢坯内；既有单个的，又有成片的。

钢坯浇注及开坯轧制过程均可能造成结疤。炼钢结疤有时在轧制过程中会随着轧件的不断延伸而脱落，掉在导卫装置中，阻碍下一根轧件进入。轧钢结疤在轧制过程中一般不易脱落，但易于开裂翘起，挂在导卫装置上而引起堆钢。

2.2.1.2 耳子

耳子特征：钢坯表面上平行于轧制方向的条状突起部分称为耳子。它在轧制过程中会造成成品的折叠。

2.2.1.3 裂纹

表面裂纹种类很多，现场常见的有烧裂、网状裂纹、横裂、纵裂、发纹等。

（1）烧裂。钢坯表面的一种槽向开裂。裂缝短、开度大，破裂的外形很不齐整，多在角部出现。

（2）网状裂纹。钢坯表面的裂纹深度和宽度都比较大，数量多，无一定方向，呈网状。

（3）横裂。呈“之”字形或近似直线形的横向裂纹。

（4）纵裂。一般与钢坯长度方向一致，呈直线形。

（5）发纹。在钢坯表面延伸长度方向分布、深浅不等的发状细纹。

所有裂纹，如果深度浅，则可以在加热、轧制过程中消除；如果深度较深，则影响最终产品的质量，必须予以清除。

2.2.1.4　断面形状不规则

断面形状不规则特征：连铸坯较多出现的有钢坯角度不充满，呈塌角现象，或钢坯绕轴向扭转出现脱方。当使用推钢式加热炉时，容易造成拱钢。这种钢坯不能满足孔型设计的要求，是造成轧制操作故障的原因之一，而且会影响成品质量。

2.2.2　内部缺陷

2.2.2.1　非金属夹杂物

非金属夹杂物特征：一般呈点状、块状和条状分布，大小与形状无规律，多见于钢坯端部（有时黏附在钢坯表面）。

实践证明，如果夹杂严重，在一般轧制条件下，轧件会产生分层、开裂等缺陷。用带有非金属夹杂物的钢坯轧制型钢时，由于非金属夹杂物在继续热轧中被压碎，并呈线条状分布，使金属基体的连续性遭到破坏，型钢强度、韧性、塑性降低。

2.2.2.2　缩孔

缩孔特征：在钢锭浇注过程中，由于浇注温度太高，浇注速度太快，导致钢水在由下向上、由边缘向中心的凝固过程中，收缩的体积得不到补充，而在钢锭上部中心处产生一段不规则的孔穴，称为缩孔。缩孔周围往往出现严重的疏松及非金属夹杂物。

钢锭的缩孔在轧制过程中因其表面已被氧化而不能焊合。对镇静钢锭如果切头不足，头部就残留有缩孔。它在轧制中容易开裂或形成劈头，使轧制无法继续进行。未开裂的缩孔则被带到成品上。

2.2.2.3 皮下气泡

皮下气泡特征：由于沸腾钢沸腾不好，钢液中的气体来不及排出，被已凝固的钢包住形成气泡，离钢坯表面太近，称为皮下气泡。轧制时，由于气泡外露，经延伸变成裂纹。皮下气泡形成的裂纹，不止一条，常常是多条，裂纹与裂纹间平行。皮下气泡必须在炼钢、铸坯时设法消除。否则它形成的裂纹越轧越深，最终将带到成品中去。

2.3 常见钢坯缺陷的处理方法

由于钢坯表面存有缺陷，其中一些较轻微的缺陷，在加热后被氧化烧掉，不会影响成品的质量，故可以不必进行表面清理。但有些缺陷，若不清理，在加热和轧制时，会延伸和扩大，这样既不能保证成品质量，也会增加精整工序的工作量。表面清理是保证产品质量的重要环节。

钢坯的清理是指对钢坯表面缺陷的清理。钢坯表面的缺陷，如裂纹、结疤、耳子、折叠等经过加热轧制后，小部分可能得到改善，但大部分缺陷不仅不能消除反而更扩展了，甚至造成轧制故障和废品。因此，对表面有缺陷的钢坯必须进行清理。钢坯的技术标准中对钢坯的表面清理有具体规定，经清理的合格钢坯才可作为型钢的生产原料。一般来说，清理工作是在供坯厂家精整工序进行的。这里做简单介绍，仅供原料操作管理人员了解钢坯缺陷的清理方法。

轧钢生产中常用的钢坯缺陷清理方法有很多，如火焰清理、风铲清理、砂轮清理、机床加工清理、电弧清理、酸洗及抛丸清理等。最常用的是前三种清理方法，现介绍如下。

2.3.1 火焰清理

火焰清理在对原料表面缺陷的清理上是最常见的。火焰清理是利用乙炔（或煤气）和氧气燃烧的高温火焰，将钢坯表面有缺陷的那部分金属熔化烧掉。火焰清理可采用人工与机械两种方式。人工火焰清理是人工手持火焰枪操作进行的。机械火焰清理是将火焰清理机安装在钢坯流程线上对钢坯表面缺陷进行清理的。

火焰清理一般较适合于清理普碳钢和普通低合金钢。这些钢种导热性能好，火焰清理时，不易产生裂纹。对于导热性能差、塑性低的高碳钢、合金钢等，若能采取清理前预热，保证钢坯在一定温度范围内（一般在150℃以上），也可采用火焰清理。火焰清理不适用于含碳量低于0.1%的碳素钢和奥氏体钢、铁素体钢。因为低碳钢的熔化温度较高，利用火焰清理易形成斑疤留在钢坯的表面，以致使成品钢材产生细小的折叠。奥氏体钢、铁素体钢种燃烧都很困难，经济效果较差，所以选用火焰清理缺陷时，必须要清楚被处理原料的种类，然后再确定。不同的钢种，要求有不同的火焰清理温度，所以，必须按不同的钢种来正确地掌握火焰清理温度。有些钢在火焰清理后会产生裂纹，这就是温度掌握不好的缘故。因为钢坯由冷状态骤然升至燃烧温度，清理完成之后又产生温度骤降，在钢坯的表面上存在着很大的温度差，由组织转变造成的组织应力，再加上热应力，两种应力的和就超过了金属本身的强度。

2.3.1.1 火焰清理的操作程序

(1) 首先将燃气管及氧气管接至火焰清理枪的氧气及燃气入口的接头上。

(2) 用一手握持枪把手，用另一手打开燃气阀门，然后在燃烧嘴处用明火点燃燃气，调节火焰长度。

(3) 将火焰喷射到原料缺陷部位，对缺陷部位进行预热。预热时为了使热力比较集中，烧嘴与金属表面呈70°~80°角。

(4) 观察缺陷部位的温度变化，当确认钢坯缺陷部位温度达到900~1000℃后，打开火焰枪的氧气阀门。

(5) 打开氧气阀门的同时，将火焰枪喷头与金属表面的角度设置为25°~30°。

(6) 逐渐开大氧气阀门，将已经燃烧的钢料表面的熔渣吹掉。

(7) 观察熔渣及缺陷的残留情况，一直到缺陷清除为止。

在对缺陷部位进行预热时，为了加快预热速度，可使用ϕ4mm 或 ϕ6mm 的盘条熔化在钢坯的缺陷部位上，这样可以使熔渣在尽可能短的时间内预热到要求的温度。

2.3.1.2 火焰清理操作应注意的事项

（1）工作服、手套应保持干净，不得有油渍。否则可能因油渍着火而造成烧伤。

（2）当使用乙炔发生器时，发生器附近应禁止使用明火和吸烟。否则易发生爆炸事故。

（3）氧气瓶的开关应完好无缺，并戴安全帽，搬运和设置有氧气的氧气瓶时，应特别小心，不得用人扛和使用吊车吊运。

（4）在清理原料缺陷之前，操作人员必须仔细地检查火焰枪的烧嘴、软管和开关的完整性。清理开始后，禁止火焰枪的切割火焰朝向燃气和氧气软管。否则，软管可能被烧着，而且火焰会很快地到达氧气的来源处，以致引起氧气管道和氧气瓶爆炸。

（5）当氧气软管起火时，应立即关闭氧气阀门，切断氧气来源，将氧气软管起火处上端弯成180°。要严格防止油类进入氧压表及氧气瓶嘴处，以免回火燃烧引起爆炸。

（6）当火焰枪烧嘴的火焰随着轻轻的爆炸声突然熄灭时，应立即将燃气软管的气流切断。

（7）当停止操作时，清理操作人员必须将火焰枪的火焰熄灭，将氧气阀门关闭，并把火焰枪放在安全的地方。氧气瓶内至少应留有两个大气压的残压，不可用尽。

（8）禁止将软管放在铁路上，以免压坏漏气，造成事故。

2.3.2 风铲清理

钢坯表面的缺陷也可以使用风铲清理的方法进行。风铲清理的原理就是使用5~6个大气压的压缩空气，使风铲头做高压、高速冲击，从而将原料表面的缺陷铲掉。

风铲清理方法适用于冷状态下高碳钢及合金钢原料表面缺陷的清理，也适用于对圆形钢材、管坯表面缺陷的清理。风铲的铲头在清理平面时形状为圆形，且不得有尖棱和凸角；当清理圆形表面时，铲头的铲刃为平刃。铲沟如图2－1所示。

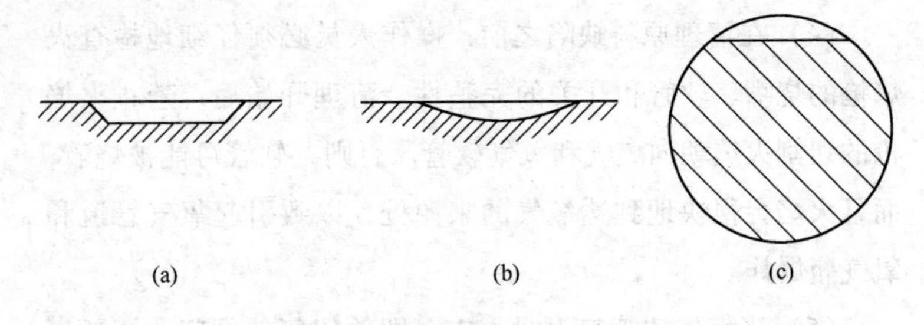

图2－1 铲沟

（a）不正确的铲沟；（b）正确的铲沟；（c）圆钢表面平行铲沟

图2－1（a）中所示的铲钩在处理表面为平面的原料时是不正确的，正确的应如图2－1（b）中所示的那样，而对圆形表面进行处理时，正确的铲钩应如图2－1（c）所示的那样。

用风铲处理原料表面的缺陷时，对进铲的方向也有规定。第一次进铲应正对着缺陷的方向，第二次和第三次进铲则是为向深度进铲做准备，第四次进铲则是对比较深的缺陷铲除。如图 2－2 所示。

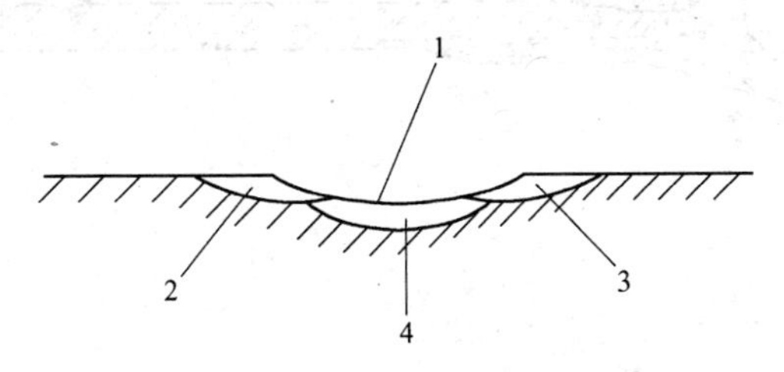

图 2－2 较深缺陷的铲沟

1—第一道铲沟；2—第二道铲沟前的准备；

3—第二道铲沟的准备；4—第二道铲沟

用风铲铲头的材质选择，主要是考虑其耐用性。常见的铲头材质有 T8～T10、60Si2Mn、4CrWSi、W18Cr4V。

2.3.2.1 风铲的结构

风铲由开动机构、分配装置和冲块（活塞）筒身三大部分构成。开动机构在风铲的头部，它由进气阀、小返回弹簧、顶杆和扳机构成。当用手指扳动扳机时，扳机的接触舌接触顶杆，将进气阀顶开。放开扳机时，返回弹簧将进气阀推回风铲头的阀座中，关闭空气的进路，风铲停止作业。风铲结构如图 2－3 所示。

分配装置由装在风铲筒身 7 中的滑块盒 5 及管状阶梯形滑块 6 构成。滑块 6 起分配空气的作用。滑块顺滑块盒

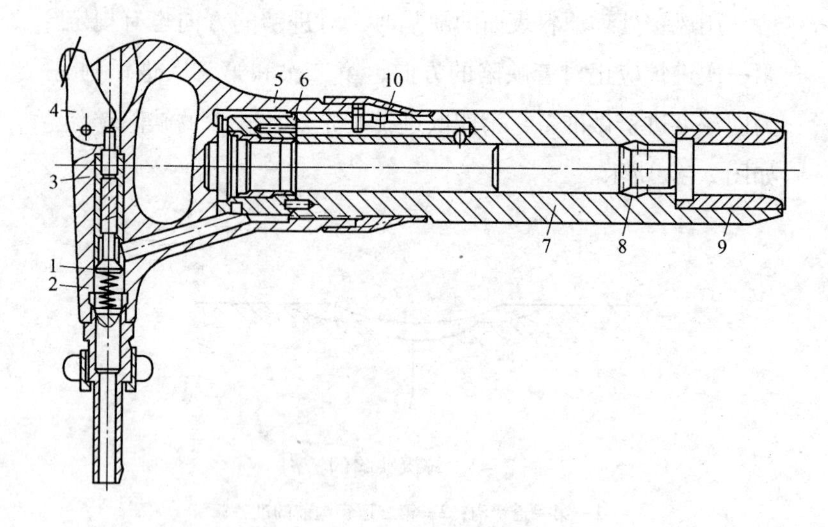

图2-3 风铲结构

1—进气阀；2—返回弹簧；3—顶杆；4—扳机；5—滑块盒；6—滑块；7—筒身；8—衬圈；9—活塞；10—安全环

上下移动时，盖上一部分空气进路，开放另一部分空气进路。

风铲筒身上端有螺纹，用来固定带开动机械的风铲头，筒身下端安装有铲头柄的衬圈8、活塞（即冲块）9沿筒身移动时，活塞的下端冲击铲头柄的端子，将冲力传给铲刃。

风铲各部位零件装配的精度对生产影响很大，若零件间的缝隙过大，则空气损失就多，结果就会使风铲的能力大大下降。铲头柄应紧密地装在风铲的衬圈中，衬圈与铲头柄之间的间隙应小于0.05mm，如果超过此数值，则风铲能力就可能下降很快，从而影响生产。

2.3.2.2 风铲清理操作要点与程序

（1）对检验过的钢料表面缺陷重新进行检查。

（2）对不同钢种的原料选用不同的风铲铲头。

（3）测量钢料表面的缺陷深度。

（4）安装风铲头，并使之严密，不要使间隙大于0.05mm。

（5）接通风铲把手处的高压风软管。

（6）检查风铲各部件的活动情况是否自如。

（7）开动空气压缩机。

（8）将风铲的中心线和原料表面的夹角控制在40°~45°之间。

（9）用前边测定的缺陷深度决定是用一次或多次清理。

（10）将角度对正后，手压风铲扳机，风铲开始动作。

（11）风铲动作同时观察铲削物是否裂开和铲槽内是否有缺陷疤迹存在。

如果铲削物不再裂开和铲槽内不再有黑印，证明缺陷已处理完毕。

（12）松开风铲扳机，风铲停止动作。如无需再使用空压机，则关机。

2.3.2.3 风铲清理操作注意事项

（1）清理缺陷时，操作工人应戴防护眼镜和有皮掌的手套，以防崩坏的铲头碰伤手臂，禁止两人同时相对清理缺陷，以免铲屑碰伤对方。

（2）在清理之前，操作工人必须检查软管的金属套管是否完好。当软管的套管螺纹或空气阀和风铲螺丝接头的螺纹损坏时，软管若摇摆得厉害，就可能自动脱节，把周围的人打伤。

（3）禁止开着空气管的阀门连接或拆卸软管，以防打伤自己。

（4）操作进行时要随时提醒在清理场地过往的行人注意，以免被飞起的金属屑打伤。

（5）长期未使用的风铲，在使用前必须先卸开，用脱水煤油彻底清除，涂上矿物润滑油，然后装配好，并往活接头中注上润滑油，经过试用，才能正式使用。

（6）使用之前必须检查衬圈的粗糙度、铲头柄的长度以及装插到衬圈中的严密程度。禁止用短柄铲头，以免铲头飞出伤人。

（7）在使用过程中，铲头每隔 2h 润滑一次，注意勿使铲头柄和衬圈发热。在工作间歇勿把铲头弄脏，铲头柄最好套上橡皮衬垫。在操作场地不得拆卸风铲，不得使用明火加热风铲。

（8）工作结束应关闭空气软管阀门，将风铲与软管卸开，用干布仔细地擦拭干净，并装进工具库。在库里还必须将风铲放进煤油中清洗，之后将风铲气阀打开，用压缩空气吹刷，往活接头处注入润滑油。保管风铲时，最好是把它立着悬挂起来。

2.3.2.4 铲头的选择

铲头应根据原料表面缺陷的大小、深度而预先选择，一般选择原则是：

（1）宽的缺陷使用18～30mm宽的铲刃。

（2）硬度较高的钢种或缺陷较深时，使用铲刃的宽度按15～22mm范围选择。

2.3.2.5 风铲常见故障及处理方法

（1）在强力冲击下，冲击次数减少。

产生原因：

1）空气进路堵塞，回程速度降低。

2）衬圈与铲头柄之间漏气。

排除方法：

1）清洗筒身和润滑盒的空气进路。

2）更换衬圈和铲头，使间隙小于0.05mm。

（2）在微弱冲击条件下，冲击次数减少。

产生原因：软管细长或空气压力小，气量不足。

排除方法：换较大直径的软管或提高压缩空气压力。

（3）压缩空气消耗过大。

产生原因：各连接部件间隙大，漏气。

排除方法：更换磨损过大的原件。

（4）活塞或滑块卡住。

产生原因：异物沾在零件磨光的部位上或润滑不好，

把斗和筒身拧得不紧、滑块歪斜、滑块盒中心与筒身中心错位。

排除方法：吹刷空气管道，搞好风铲润滑或将风铲拆开重新组装。

(5) 筒身排气口结冰。

产生原因：空气中有大量水分或空气进路堵塞。

排除方法：由风水分离器下面放水或用煤油洗刷筒身的空气进路。

2.3.3 砂轮清理

以快速转动的砂轮研磨连铸坯表面缺陷，使缺陷得到清除的方法称为砂轮清理法或研磨清理法。

砂轮清理缺陷时，快速转动的砂轮摩擦钢坯表面，会使钢料表面局部发热，致使清理过程中或清理结束后钢料局部产生裂纹。所以，选用砂轮清理方法也应根据不同的钢种来进行。一般来说，淬火敏感的以及有莱氏体共晶碳化物的钢种，不使用砂轮清理方法或经过退火后才能使用此方法。

一般常见的砂轮机有固定式砂轮机、悬挂式砂轮机和踏板式砂轮机三种。清理钢坯（大断面）常用的是固定式砂轮机。

砂轮固定在用传动皮带带动的工作轴上，被清理的原料放在支撑辊上，以便于清理过程中移动，砂轮的上部有砂轮罩封盖。

2.3.3.1 砂轮的选择

不同硬度的钢料选择砂轮的粒度不同。一般清理硬度高的钢料时选用软质砂轮，这是因为软质砂轮的黏合剂强度低，磨钝的砂粒易脱落，砂轮表面经常保持着新砂粒，砂轮的研磨效率较高。清理较软的钢料时，选用硬质砂轮，这是因为硬质砂轮表面的砂粒磨钝得较慢，也有利于提高研磨效率。另外，还要注意选择合适的砂轮转速和掌握好砂轮对钢坯的压力，使清理中因摩擦而产生的局部温升及时散去，防止清理后产生裂纹。

针对中型轧钢使用的钢料来讲，一般应选择粗粒砂轮，主要是因为原料断面尺寸较大，选用 12 号、14 号、18 号、24 号等均可。

2.3.3.2 砂轮清理操作及注意事项

（1）首先将被处理原料放置在砂轮下的固定位置上，然后开动砂轮机。在开动砂轮机前，清理人员必须检查砂轮部件是否齐全，检查传动皮带、砂轮的坚固程度和它们的防护罩是否可靠；然后，对砂轮机做高速空车试验，没有问题时才能投入使用。

（2）高速运转的轮面缓慢接触缺陷部位，观察缺陷被洗切的情况。

（3）在开动砂轮机后，观察缺陷部位情况的同时，要注意砂轮的异常响动。

（4）严禁不戴防护眼镜操作，应把工作服的袖口扣好，以防袖口被砂轮的转动部位绞住。

（5）禁止敲打砂轮，因为撞击会使砂轮破碎，碎片若被高速摔出会给操作人员造成严重的伤害。且砂轮在工作轴上的安装必须适当，砂轮的加紧螺丝和防松螺母应拧紧。

（6）缺陷被削掉后，操作砂轮机砂轮面离开被加工面，然后停车。

（7）砂轮清理场地四周应设安全网，以防砂轮爆裂甩出伤人，并做好防尘措施。

加热的基本原理

3.1 传热的方式

如果将冷钢坯送入炽热的加热炉内，它就会被加热，钢坯的温度会逐渐升高。只要有温度差存在，热量总是由高温向低温传递，这种热量的传递过程称为传热。传热是一种复杂的物理现象，为了便于研究，根据其物理本质的不同，把传热过程分为三种基本方式：传导传热、对流传热、辐射传热。

3.1.1 传导传热

物体内部两相邻质点（如分子、原子、离子、电子等）通过热振动，将热量由高温部分依次传递给低温部分的现象，称为传导传热。如炉墙的散热、钢坯由表面向内部的加热、金属棒热端向冷端的传热等，都是传导传热的例子。

假设如图 3－1 所示的几何物体，热由 A 面传至 B 面，传热面积为 F，导热系数为 λ，A、B 面温度分别为 t_1 和 t_2，A、

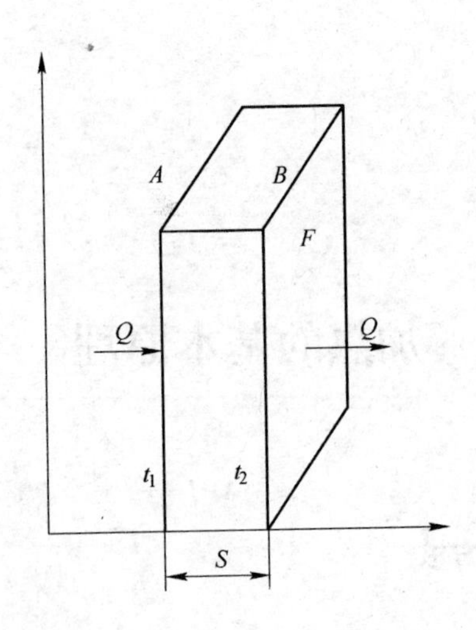

图 3－1　物体内部传热示意图

B 面间的距离为 S。

单层平壁的导热计算公式见式（3－1）：

$$Q=\frac{\lambda}{S}(t_1-t_2)F \tag{3-1}$$

式中　t_1，t_2——发生传导的平壁两侧的温度，℃；

λ——导热系数，W/(m·℃)；

S——平壁的厚度，m；

F——传热面积，m^2。

而对于多层平壁，其导热计算公式则为：

$$Q=\frac{t_1-t_{n+1}}{\frac{S_1}{\lambda_1}+\frac{S_2}{\lambda_2}+\cdots+\frac{S_n}{\lambda_n}}F \tag{3-2}$$

式中　t_1，t_{n+1}——发生传导的平壁两侧的温度，℃；

λ_1，λ_2，…，λ_n——各层平壁的平均导热系数，W/(m·℃)；

S_1，S_2，…，S_n——各层平壁的厚度，m；

F——传热面积，m^2。

根据以上公式可知，传导传热的快慢主要与下列因素有关：

（1）材料的性质。物体导热能力的大小用导热系数 λ 来表示。各种材料的导热系数都由实验测定。气体、液体和固体三者比较来看，气体的导热系数最小，仅为0.0058W/(m·℃)，而且随着温度的升高，气体的导热系数也随着增大。液体的导热系数在0.093～0.698W/(m·℃)之间；温度升高时，有的液体导热系数减小，有的导热系数增大。固体的导热系数比较大，其中以金属的导热系数最大，在2.326～418.68W/(m·℃)之间，铁的导热系数约为52.34W/(m·℃)。

钢铁依其化学成分、热处理和组织状态的不同，其导热系数有很大差别。例如，经过轧制的钢，其导热性要比铸造的好；经退火的钢要比未经退火的钢导热性好；碳素钢的导热性要比合金钢好。而且碳素钢的导热性随其含碳量的不同而变化，一般含碳量越高，其导热性越差。合金钢的导热性也是随其合金元素含量的多少而变化的，合金元素与碳的作用一样，通常都是促使钢的导热性降低，因此高合金钢的导热性更差。

（2）温度差。一般来说，温度差越大，传导传热也越强烈。例如钢坯表面和中心的温差越大，则热量的传递就越快和越多。当然，除了温差这一推动因素外，还存在着各种阻碍传热的因素，如传热的距离、热容大小等内在和外在因素。

3.1.2 对流传热

对流传热发生在气体或液体中。如将一个固态热物体放入原来处于静止的气体或液体中，热量从固体表面传给靠近它的流体层，其温度升高、密度减小，因而流体层上升，同时较冷的流体层流过来补充，形成自然流动，由于这种流动而产生的热交换通常称为自然对流传热，除此以外，由强制流动产生的传热过程称为强制对流传热。

实际上，对流传热总是发生在流体与固体表面之间，而且传热过程中总伴随着传导传热存在。特别是当流体流经固体表面时，由于层流边界层的存在，在边界层内只有传导传热发生。这种对流传热与传导传热的综合作用也称为“对流给热”或称为“对流换热”。

加热炉内的对流传热属于气体与固体之间的传热，这种传热是炽热的高温气体质点不断地撞击钢坯表面，将热量传给温度较低的钢坯的过程。如果将热钢坯置于一个温度比它低的环境中（如钢坯出炉后停在输送辊道上待轧时），冷空气流经钢坯表面吸取钢坯的热量，这也是对流传热。显然，气体的流速愈大，同一时间内气体与固体间传递的热量就愈多，钢坯的加热或冷却也就愈快。如高温炉气对炉内钢坯或炉墙的给热、炉外壁对周围空气的给热等，都是或主要是对流给热的作用和例子。

对于对流传递热量的大小，工程上通常用式（3－3）计算：

$$Q = \alpha_{对}(t_f - t_w)F \tag{3-3}$$

式中 Q——对流传热量，W；

t_f，t_w——分别代表流体和固体表面的温度，℃；

F——换热面积，m^2；

$\alpha_{对}$——对流给热系数，$W/(m^2 \cdot ℃)$。

由于对流给热都是在物体的表面进行，因此又称为外部传热。

影响对流给热的因素不仅仅有物体的温度差，而且与下列因素有关：

（1）流体流动的情况。自然对流和强制对流两种情况下的传热强度不同。显然，自然对流热交换强度不及强制对流热交换强度大。强制对流时，运动速度和温度差越大，其内部的扰动与混合越强烈，边界层也随之变薄，这时传热效果就越显著，这种对流给热称为“强制对流给热”。在强制对流的同时，一般也会发生自然对流，但当强制对流的流动速度相当大时，自然对流的范围和影响也就缩小。

加热炉炉墙表面散热是自然对流的典型例子。加热炉内烧嘴喷出的高温气体对金属表面的加热则属于强制对流给热。

（2）流体流动的性质。流体流动分为层流流动和紊流流动，它们与雷诺数有关。在层流流动时，流体质点做平行壁面的单向流动，而不能穿过流层去撞击壁面，这时的传热过程实质上是传导传热，无论液体还是气体其导热系数均很小，因此层流流动时传热强度很低。而紊流流动时，边界层外流体质点做激烈、紊乱的流动。因此对流作用强烈，温度趋于均匀化。

（3）流体的物理性质。对流给热与流体的物理性质关系极大，例如水的导热系数比空气的大，水的密度比空气的大，再加上其他物理性质的不同，使水的对流给热系数比空气大几百倍。流体的比热容、密度、导热系数等数值越大，则对流传热越强；黏度越大，则对流传热越弱。

（4）固体表面形状、大小和位置。复杂形状的表面不利于自然对流换热；强制对流时，固体表面形状越复杂，流体流动时搅动越激烈，对对流换热有利，形状越复杂、表面越粗糙，则越有利。固体表面可接触的面积越大，对对流给热越有利。对于同一形状大小的表面，其位置不同，传热效果也不一样，如换热面向上对冷流体传热，此时自然对流最强烈；如换热面向下，则因受热气体上浮，紧贴换热面，使边界层增厚，传热效果显著降低。因此，炉墙、炉顶、炉底位置不同，自然对流强度不一样，其中，炉顶最大、炉底最小。强制对流换热的换热效果仅取决于对流的方向（顺流、逆流和正交三种情况）。

3.1.3 辐射传热

热辐射能是电磁波的一种。物体的热能变为电磁波（辐射能）向四周传播，当辐射能落到其他物体上被吸收后又变为热能，这一过程称为辐射传热。

辐射传热与对流传热和传导传热有本质的区别。辐射传热的特征如下：

（1）辐射是一切物体固有的特性，任何物体只要自身温度高于绝对零度（-273℃），由于其内部电子的振动将产生变化的电场，这种变化的电场产生磁场，磁场又产生电场，如此交替循环下去便产生电磁波，传递热量。

（2）辐射传热不需要任何中间介质，在真空中同样可以传播。太阳的辐射热通过极厚的真空带而射到地球就是极好的例证。也就是说，辐射传热是通过电磁波实现的，而热量的传递过程伴随有能量形式的转变，即热能—辐射能—热能。

（3）传递能量的电磁波波长变动范围很大，长到几百米，短到 10^{-6}m。但能够进行辐射传热的只有波长为 0.4 ~ 40μm 的可见光波和红外线，通常把这些射线称为热射线。

（4）正因为辐射是一切物体固有的特性，所以不仅是高温物体能把热量辐射给低温物体，而且低温物体同样能把热量辐射给高温物体，最后低温物体得到的热量是它们的差额值，此差额只要参与相互辐射的两物体的温度不同，就不会等于零。因此严格地讲，辐射传热应该称为辐射热交换。

3.1.3.1 辐射传热的基本概念

当物体接受热射线时，与光线落到物体上一样，有三种可能的情况：一部分被吸收，一部分被反射，另一部分透过物体继续向前传播，如图 3－2 所示。

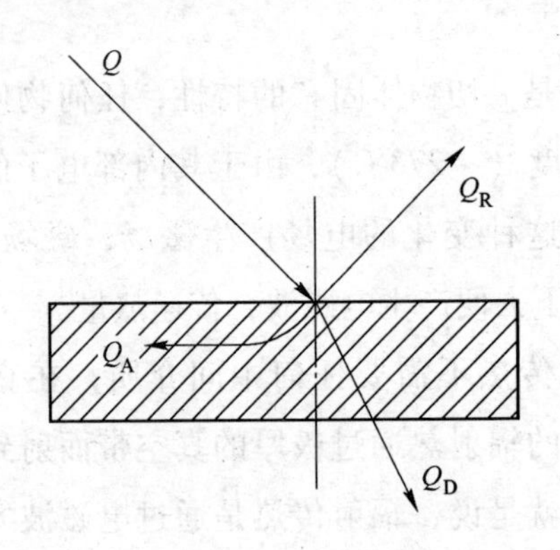

图 3－2　辐射能的吸收、反射和透过

根据能量守恒定律，这三者之间应有如下关系：

$$Q_A + Q_R + Q_D = Q \tag{3-4a}$$

$$\frac{Q_A}{Q} + \frac{Q_R}{Q} + \frac{Q_D}{Q} = 1 \tag{3-4b}$$

如以 A、R、D 分别表示物体对热辐射的吸收能力、反射能力和透过能力，称为物体的吸收率 A、反射率 R 和透过率 D。

则
$$A + R + D = 1 \tag{3-4c}$$

若 $A=1$，$R=0$，$D=0$，即落在物体上的热辐射都被该物体吸收，没有反射和透过，这种物体称为绝对黑体，简称黑体。

若 $R=1$，$A=0$，$D=0$，即落在物体上的全部辐射能完全被该物体反射出去，这种物体称为绝对白体，简称白体。

若 $D=1$，$A=0$，$R=0$，即投射到物体上的辐射能全部透过该物体，没有任何吸收和反射，这种物体称为绝对透过体，简称透过体。

在自然界中，绝对黑体、绝对白体和绝对透过体都是不存在的。这三种情况只是为了研究问题方便而进行的假设。自然界中大量物体是介于其间的，例如固体与液体一般认为是不透过的，即 $A+R=1$；气体一般认为是不反射的，即 $A+D=1$。绝对黑体、绝对白体和绝对透过体统称为灰体。

物体对辐射能的吸收、反射和透过能力，取决于物体的性质、表面状况、温度及热辐射的波长等。

3.1.3.2 物体的辐射热量

物体在某温度下，单位面积、单位时间所辐射出去的能量称为该物体的辐射能力，以 E 表示。根据理论推导和实验，绝对黑体的辐射能力为：

$$E_0 = C_0\left(\frac{T}{100}\right)^4 \tag{3-5}$$

式中 E_0——绝对黑体的辐射能力，W/m^2；

C_0——绝对黑体的辐射系数，$W/(m^2 \cdot K^4)$，$C_0 = 5.67W/(m^2 \cdot K^4)$；

T——黑体的绝对温度，K。

式（3-5）通常称为黑体辐射的四次方定律。由于自然界中不存在绝对黑体，如将绝对黑体的辐射定律用于一般物体，则必须对其修正。式（3－6）为灰体的辐射能力计算公式：

$$E = \varepsilon E_0 = \varepsilon C_0 \left(\frac{T}{100}\right)^4 = C\left(\frac{T}{100}\right)^4 \qquad (3-6)$$

式中 E——灰体的辐射能力，W/m²；

ε——灰体的黑度，$\varepsilon = E/E_0$，它是灰体的辐射能力与同温度下黑体辐射能力的比值；

C——灰体的辐射系数，$C = \varepsilon C_0$。

从上面的介绍可知，辐射传热量的大小主要与辐射体的温度有关，也就是说，与辐射体之间的温度差有关。在炉膛内加热坯料时，如果提高炉墙的温度，则炉墙辐射给坯料的热量就会增加。因此，提高炉温对快速加热有决定性意义。

其次，辐射传热量的大小还与辐射体的黑度有关。烧油时火焰的辐射能力比烧煤气时的火焰辐射能力大得多就是一个典型的例子。这是因为烧油时（特别是焦油），火焰中有热分解的碳粒，这种碳颗粒很小，但黑度很大。又如同样条件下，由于水蒸气的黑度比二氧化碳的黑度大，因此烧焦炉煤气（含有大量的 H_2 和 CH_4）比烧高炉煤气的辐射性要好，烧天然气（含有 90% 以上的 CH_4）的辐射能力比烧焦炉煤气要好。

3.1.3.3 气体的辐射和吸收

在冶金炉内，燃料燃烧后，热量是通过炉气传给被加热钢坯的。因此，炉内实际进行的是气体与固体表面间的辐射热交换，而炉气（火焰）的辐射是起着关键作用的。

气体的辐射和吸收与固体比较起来有很多特点，主要介绍以下两点：

（1）不同的气体，其辐射和吸收辐射能的能力不同。气体的辐射是由原子中自由电子的振动引起的。单原子气体和对称双原子气体（如 N_2、O_2、H_2 及空气）没有自由电子，因此它们的辐射能力都微不足道，实际上是透热体。但三原子气体（如 H_2O、CO_2、SO_2 等）、多原子气体和不对称双原子气体（如 CO），则有较强的辐射能力和吸收能力。

（2）在气体中，能量的吸收和辐射是在整个体积内进行的。固体的辐射和吸收都是在表面进行的。当热射线穿过气体时，其能量因沿途被气体所吸收而减少。这种减少取决于沿途所遇到的分子数目。碰到的气体分子数目越多，被吸收的辐射能量也就越多。而射线沿途所遇到的分子数目与射线穿过时所经过的路程长短以及气体的压力有关。射线穿过气体的路程称为射线行程或辐射层厚度，用符号 x 表示。可见气体的单色吸收率是气体温度、气体层厚度及气体分压力的函数。

3.2 炉膛内的热交换

参与炉膛内热交换过程的有三种基本物质：炉气、炉壁和被加热金属，这三者之间的热量交换过程如图 3－3 所示。

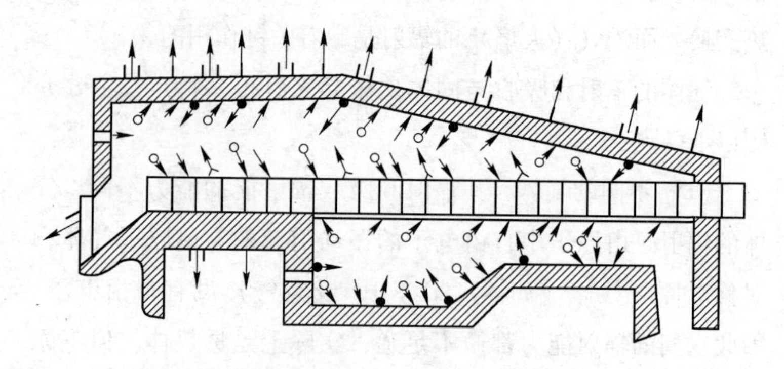

图 3 - 3 加热炉炉膛传热示意图

○➤—由燃烧废气辐射传给钢坯（锭）或炉墙；

➤—由燃烧废气对流传给钢坯（锭）或炉墙；

●➤—由炉墙辐射传给钢坯（锭）或透过炉气传到炉墙其他部位；

≻➤—由钢坯（锭）对外辐射透过炉气投射到炉墙；

=➤—由炉墙辐射给外部周围；

—➤—由炉墙对流给外部周围

燃料燃烧所产生的炉气是加热炉炉膛内的热源。炽热的气体以对流与辐射的方式把热量传给被加热金属的表面，同时也传给炉壁。金属与炉壁各吸收一部分热量后，把其余的反射出来。被金属吸收的热量加热了金属，使金属的温度升高；而反射出来的辐射能在经过炉气时，被炉气吸收一部分，其余的透过炉气又投射到炉壁上。同样，炉壁表面吸收一部分热量后，将其余的反射出去，而反射出去的辐射能在经过炉气时被吸收一部分，其余的透过炉气又投射到金属表面和炉壁的其他部位。

炉墙在吸收炉气以对流和辐射方式传来的热量的同时，也吸收金属辐射来的热量，也就是说这里不仅存在气体与固体间的热交换，而且也存在金属与炉壁间的辐射热交换。另一方面，炉壁也向外辐射和反射热量。同样，金属在吸收炉气以对流和辐射方式传来的热量和炉壁辐射来的热量的同时，本身也向外辐射和反射热量。

可见，炉膛内的热量交换过程是很复杂的，辐射、对流和传导同时存在。对炉内坯料的加热，对流、辐射、传导在不同的温度范围所占的比例不同。在800℃以下时，炉气与金属工件之间的传热主要依靠对流给热；在 800 ~ 1000℃之间时，炉气与金属工件之间的传热则要同时依靠对流和辐射换热；而当温度高于 1000℃时，炉气与金属工件之间的传热主要依靠辐射换热，这时金属所吸收的热量约 90% 通过辐射换热方式实现。

总的来说，火焰炉内的热量交换过程有以下几方面的特点：

（1）炉内的温度以炉气最高，金属最低，炉壁居中。炉气通过对流辐射将热量传给金属，使金属温度升高。在这一过程中炉气失去热量，因此高温炉气必须不断由燃料燃烧来补充，同时不断地将低温炉气排出炉外。

（2）炉壁本身不是热源，它具有高温是因为它吸收了炉气的热量。当炉壁的温度稳定后，它吸收的热量除一小部分经过炉墙传导散失于四周外，大部分又辐射给金属。因此，炉壁在整个热交换过程中起热量传递的“中间介质”作用。

实际上，炉壁对传热的影响是很大的。这是因为炉气对金属的传热是气体与固体间的辐射热交换，而炉壁与金属间的热交换是固体间的辐射热交换。一般来说，气体的黑度很小（仅0.2~0.4之间），故气体与固体的热交换强度远远小于固体间的热交换强度。因此，炉墙面积的大小对辐射热交换就显得特别重要。炉墙面积（炉膛内表总面积）与金属受热面积之比（称为炉围展开度 ω）越大，炉墙与钢坯间的辐射热交换就越强烈。

（3）炉气和金属的黑度对热交换有很大的影响。二者黑度愈大，热交换就愈强。由于气体的黑度随着炉气中 CO_2 与 H_2O 的含量以及火焰中炭粒的多少发生改变。因此，如果采用粉煤、重油或焦油与煤气混合燃烧，则能增加火焰的亮度，也即增加火焰的黑度，从而加强火焰的辐射强度。

钢的加热工艺

钢坯的加热质量直接影响到成品的产量、质量、能源消耗和轧机寿命。不同的钢种应采用不同的加热工艺，正确的加热工艺可以保证轧钢生产顺利进行。如果加热工艺不合理，则会直接影响轧钢生产。因此，了解钢的加热工艺的有关知识，对指导操作是极其重要的。

4.1 钢加热的目的及要求

钢坯在轧前进行加热，是钢在热加工过程中一个必需的环节。对轧钢加热炉而言，加热的目的就是提高钢的塑性，降低变形抗力。

钢在常温状态下的可塑性很小，因此它在冷状态下轧制十分困难，通过加热，提高钢的温度，可以明显提高钢的塑性，使钢变软，改善钢的轧制条件。一般来说，钢的温度愈高，其可塑性就愈大，所需轧制力就愈小。例如，高碳钢在常温下的变形抗力约为600MPa，这样在轧制时就需要很大的轧制力，消耗大量能源，而且制造困难、投资大、磨损快。

如果将它加热至1200℃时，变形抗力将会降至30MPa，比常温下的变形抗力低20倍。

钢的加热应满足下列要求：

（1）加热温度应严格控制在规定的温度范围，防止产生加热缺陷。

钢的加热应当保证在轧制全过程都具有足够的可塑性，满足生产要求，但并非说钢的加热温度愈高愈好，而应有一定的限度，过高的加热温度可能会产生废品和浪费能源。

（2）加热制度必须满足不同钢种、不同断面、不同形状的钢坯在具体条件下合理加热。

（3）钢坯的加热应在长度、宽度和断面均匀一致的条件下进行。

4.2 钢的加热工艺制度

钢的加热工艺制度包括加热温度、加热速度、加热时间、加热制度等。

4.2.1 钢的加热温度

钢的加热温度是指钢料在炉内加热完毕出炉时的表面温度。确定钢的加热温度不仅要根据钢种的性质，而且还要考虑到加工的要求，以获得最佳的塑性，最小的变形抗力，从而有利于提高轧制的产量、质量，降低能耗和设备磨损。实际生产中加热温度主要由以下几方面来确定。

4.2.1.1 加热温度的上限和下限

碳钢和低合金钢加热温度的选择主要是借助于铁碳平衡

相图，如图4-1所示。当钢处于奥氏体区时，其塑性最好，

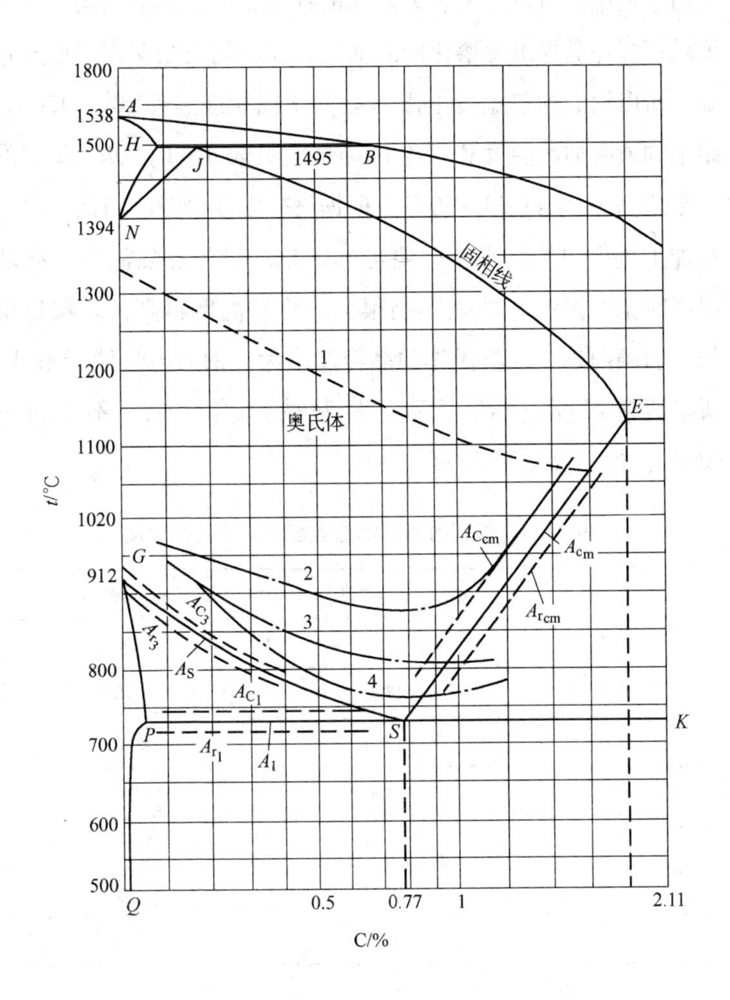

图4-1 Fe-C合金状态图（其中指出了加热温度界限）

1—锻造的加热温度极限；2—常化的加热温度极限；

3—淬火时的温度极限；4—退火的温度极限

加热温度的理论上限应当是固相线 AE（1400 ~ 1530℃），实际上由于钢中偏析及非金属夹杂物的存在，加热还不到固相线温度就可能在晶界出现熔化而后氧化，晶粒间失去塑性，形成过烧。所以钢的加热温度上限一般低于固相线温度 100 ~ 150℃。碳钢的最高加热温度和理论过烧温度见表 4 - 1。加热温度的下限应高于 A_{C_3} 线 30 ~ 50℃。根据终轧温度再考虑到钢在出炉和加工过程中的热损失，便可确定钢的最低加热温度。终轧温度对钢的组织和性能影响很大，终轧温度越高，晶粒集聚长大的倾向越大，奥氏体的晶粒越粗大，钢的力学性能越低。所以终轧温度也不能太高，最好在 850℃ 左右，不要超过 900℃，也不要低于 700℃。

表 4 - 1 碳钢的最高加热温度和理论过烧温度

含碳量/%	最高加热温度/℃	理论过烧温度/℃
0.1	1350	1490
0.2	1320	1470
0.5	1250	1350
0.7	1180	1280
0.9	1120	1220
1.1	1080	1180
1.5	1050	1140

4.2.1.2 加热温度与轧制工艺的关系

上面讨论的仅是确定加热温度的一般原则。实际生产中，钢的加热温度还需结合压力加工工艺的要求。如轧制薄钢带时为满足产品厚度均匀的要求，比轧制厚钢带时的加热温度要高一些。坯料大加工道次多，要求加热温度高些；反之，小坯料加工道次少，则要求加热温度低些等。这些都是压力加工工艺特点决定的。

高合金钢的加热温度则必须考虑合金元素及生成碳化物的影响，要参考相图，根据塑性图、变形抗力曲线和金相组织来确定。目前，国内外有一种意见认为应该在低温下轧制，因为低温轧制所消耗的电能，比提高加热温度所消耗的热能要少，在经济上更合理。表4-2为各类钢的参考加热温度以及加热时的注意事项。

表4-2 各类钢的参考加热温度以及加热时的注意事项

钢　种	加热温度/℃	注　意　事　项
普通低碳钢	1000～1150	
普通高碳钢	1000～1150	高温下容易脱碳，必须注意避免
奥氏体不锈钢（含耐热钢）	1100～1250	（1）镍、铬含量高的钢，热导率差，加热时间要比碳素钢延长0.5～1.0倍； （2）燃烧产物中的硫与钢中的镍生成低熔点NiS，加工时易出现裂纹，应使用低硫燃料； （3）变形抗力大，需高温加热； （4）高温下生成一部分铁素体，加工温度范围变窄，应均匀加热； （5）高温下长时间加热则晶粒长大，加工时易裂

续表 4-2

钢 种	加热温度/℃	注 意 事 项
铁素体和马氏体不锈钢（含耐热钢）	1000～1150	（1）变形抗力比奥氏体不锈钢小，加热温度和碳素钢差不多； （2）低碳高铬钢温度在1050℃以上易过热，影响正常轧钢
高速钢	1050～1150	（1）含钨高速钢加工温度范围窄，应充分均匀加热； （2）高温下很容易过热和脱碳，必须注意避免； （3）热导率低，加热时间比碳素钢延长两倍以上
轴承钢、弹簧钢	950～1050	（1）必须严格避免脱碳，高温段快速加热； （2）温度过低则轧辊孔型磨损快
高磷高硫易切削钢	1100～1200	轧件端部温度偏低则易于出现裂纹，因而要求均匀加热
复合易切削钢	1150～1250	

4.2.2 钢的加热速度

钢的加热速度通常是指钢在加热时，单位时间内其表面温度升高的度数，单位为℃/h。有时也用加热单位厚度钢坯所需的时间（min/cm），或单位时间内加热钢坯的厚度（cm/min）来表示。钢的加热速度和加热温度同样重要，在操作中常常由于加热速度控制不当，造成钢的内外温差过大，钢的内部产生较大的热应力，从而使钢出现裂纹或断裂。加热速度愈大，炉子的单位生产率愈高，钢坯的氧化、脱碳愈少，单位燃料消耗量也愈低。所以快速加热是提高炉子各项指标的重要措施。但是，提高加热速度受到一些因素的限制，对厚料来说，不仅受炉子给热能力的限制，而且还受到工艺上钢坯本身所允许的加热速度的限制，这种限制可归纳为在加热初期断面上温差的限制、在加热末期断面上烧透程度的限制和因炉温过高造成加热缺陷的限制。下面分述它们对加热速度的影响。

4.2.2.1 加热初期断面上温差的限制

在加热初期，钢坯表面与中心产生温度差。表面的温度高，热膨胀较大，中心的温度低，热膨胀较小。而表面与中心是一块不可分割的金属整体，所以膨胀较小的中心部分将限制表面的膨胀，使钢坯表面部分受到压应力；同时，膨胀较大的表面部分将强迫中心部分和它一起膨胀，使中心受到拉应力。这种应力称为“温度应力”或“热应力”。显然，从断面上的应力分布来看，表面与中心处的温度应力都是最大的，而在表面与中心之间的某层金属则既不受到压应力也不受到拉应力。可以证明，钢坯加热时的温度应力曲线与温度曲线一样，也是呈抛物线分布。

加热速度愈大，内外温差愈大，产生的温度应力也愈大。当温度应力在钢的弹性极限以内时，对钢的质量没有影响，因为随着温度差的减小和消除，应力会自然消失。当温度应力超过钢的弹性极限时，则钢坯将发生塑性变形，在温度差消除后所产生的应力将不能完全消失，即生成所谓残存应力。如果温度应力再大，超过了钢的强度极限时，则在加热过程中就会破裂。这时温度应力对钢坯中心的危害性更大。因为中心受的是拉应力，一般钢的抗拉强度远低于其抗压强度，所以中心的温度应力易造成内裂。

如果钢的塑性很好，即使在加热过程中形成很大的内外温差，也只能引起塑性变形，以任意速度加热，都不会因温度应力而引起钢坯断裂。如果钢的导热性好（或导热系数高），则在加热过程中形成的内外温差就小（因 $\Delta t = qS/2\lambda$），因而加热时温度应力所引起的塑性变形或断裂的可能性较小。低碳钢的导热系数大，高碳钢和合金钢的导热系数小，因而高碳钢和合金钢在加热时容易形成较大的内外温差，而且这些钢在低温时塑性差、硬而脆，所以它们在刚入炉加热时，容易发生因温度应力而引起的断裂。

如果被加热坯料的断面尺寸较小，则加热时形成的内外温差也较小；断面尺寸大的钢坯，因加热时形成较大的内外温差，容易因温度应力而导致钢坯变形或断裂。

根据上述分析，可概括下列结论：

（1）在加热初期，限制加热速度的实质是减少温度应力。

加热速度愈快，表面与中心的温度差愈大，温度应力愈大，这种应力可能超过钢的强度极限，而造成钢坯的破裂。

（2）对于塑性好的金属，温度应力只能引起塑性变形，危害不大。因此，对于低碳钢温度在500～600℃以上时可以不考虑温度应力的影响。

（3）允许的加热速度还与金属的物理性质（特别是导热性）、几何形状和尺寸有关。因此，对大的高碳钢和合金钢加热要特别小心，而对薄材则可以任意速度加热而不致发生断裂的危险。

4.2.2.2 加热末期断面上烧透程度的限制

在加热末期，钢坯断面同样具有温度差。加热速度愈大，则形成的内外温度差愈大。这种温度差愈大，可能超过所要求的烧透程度，而造成压力加工上的困难。因此，所要求的烧透程度往往限制了钢坯加热末期的加热速度。

但是，实际和理论都说明，为了保证所要求的最终温度差而降低整个加热过程的加热速度是不合算的。因此，往往是在比较快的速度加热以后，为了减少这一温差而降低它的加热速度或执行均热，以求得内外温度均匀，这个过程称为“均热过程”。

4.2.2.3 因炉温过高造成加热缺陷的限制

钢坯表面的温度是和炉温相联系的，炉温过高给准确地控制钢坯表面温度带来困难。特别是当发生待轧时，将因炉温过高而造成严重氧化、脱碳、粘钢、过烧等，这在连续加热炉上常是限制快速加热的主要因素。

上述的两个温度差（加热初期为避免裂纹和断裂所允许的内外温差和加热末期因烧透程度的要求内外温差）都对加热速度有所限制，以及准确地控制钢坯达到所要求的加热温度所需要的加热时间，这三个要素构成了制定加热制度的主要基础。

一般低碳钢大都可以进行快速加热而不会给产品质量带来什么影响。但是，加热高碳钢和合金钢时，其加热速度就要受到一些限制，高碳钢和合金钢坯在500～600℃以下时易产生裂纹，所以加热速度的限制是很重要的。表4－3为连续加热炉内低碳钢的单位加热时间的一些实测数据。需要说明的是：实际加热过程中，低合金钢可采取与低碳钢相同单位加热时间；中合金钢单位加热时间比碳钢高10%～12%；高合金钢单位加热时间比低碳钢高30%。

表4－3　连续式加热炉内低碳钢的单位加热时间

加热特点	炉子类型	被加热金属厚度/m	单位加热时间/min·cm^{-1}
扁钢坯上下两面受热	推钢式①	0.12～0.15	7.4
		0.155～0.25	8.0
		0.255～0.3	8.7
	步进式①	0.12～0.15	6.3
		0.155～0.25	6.6
		0.255～0.35	7.2

续表4－3

加热特点	炉子类型	被加热金属厚度/m	单位加热时间/min·cm^{-1}
方坯上面受热	推钢式①	0.08～0.115	9.0
	步进式②	0.08～0.115 0.12～0.15 0.155～0.2	4.5 5.1 5.7
方坯上下部受热	推钢式①	0.12～0.15 0.155～0.25 0.255～0.3	7.4 8.0 8.7
	步进式③	0.155～0.22 0.225～0.3	4.8 5.0

①炉子有效长度内的填充系数是0.98；

②炉子有效长度内的填充系数是0.4；

③炉子有效长度内的填充系数是0.8。

4.2.3　钢的加热制度

所谓加热制度是指在保证实现加热条件的要求下所采取的加热方法。具体地说，加热制度包括温度制度和供热制度两个方面。

对连续式加热炉来说，温度制度是指炉内各段的温度分布。所谓供热制度，对连续加热炉是指炉内各段的供热分配。

从加热工艺的角度来看，温度制度是基本的，供热制度是保证实现温度制度的条件，一般加热炉操作规程上规定的都是温度制度。

具体的温度制度不仅决定于钢种、钢坯的形状尺寸、装炉条件，而且依炉型而异。加热炉的温度制度大体分为一段式加热制度、两段式加热制度、三段式加热制度及多段式加热制度。这里重点介绍三段式加热制度。

三段式加热制度是把钢坯放在三个温度条件不同的区域（或时期）内加热，依次是预热段、加热段、均热段（或称应力期、快速加热期、均热期）。

这种加热制度是比较完善的加热制度，钢料首先在低温区域进行预热，这时加热速度比较慢，温度应力小，不会造成危险。当钢温度超过 500～600℃以后，进入塑性范围，这时就可以快速加热，直到表面温度迅速升高到出炉所要求的温度。加热期结束时，钢坯断面上还有较大的温度差，需要进入均热期进行均热，此时钢的表面温度不再升高，而使中心温度逐渐上升，缩小断面上的温度差。

三段式加热制度既考虑了加热初期温度应力的危险，又考虑了中期快速加热和最后温度的均匀性，兼顾了产量和质量两方面。在连续式加热炉上采用这种加热制度时，由于有预热段，出炉废气温度较低，热能的利用较好，单位燃料消耗低。加热段可以强化供热，快速加热减少了氧化和脱碳，并保证炉子有较高的生产率。所以对许多钢坯的加热来说，三段式加热制度是比较完善与合理的。

这种加热制度适用于大断面坯料、高合金钢、高碳钢和中碳钢冷坯加热。

4.2.4　钢的加热时间

钢的加热时间是指钢坯在炉内加热至达到轧制所要求的温度时所必需的最少时间。通常，总加热时间为钢坯预热、加热和均热三个阶段时间的总和。

要精确地确定钢的加热时间是比较困难的，因为它受很多因素影响，目前大都根据现有炉子的实践大致估计，也可根据推荐的经验公式计算。

钢的加热时间采用理论计算很复杂，并且准确性也不大。所以在生产实践中，一般连续式加热炉加热钢坯常采用经验公式：

$$\tau = CS$$

式中　τ——加热时间，h；

S——钢料厚度，cm；

C——1cm 厚的钢料加热所需的时间，h/cm。

其中：

对低碳钢　$C = 0.1 \sim 0.15$h/cm

对中碳钢和低中合金钢　$C = 0.15 \sim 0.2$h/cm

对高碳钢和高合金钢　$C = 0.2 \sim 0.3$h/cm

对高级工具钢　$C = 0.3 \sim 0.4$h/cm

在实际生产中，钢坯的加热时间往往是变化的。这是因为加热炉必须很好地与轧机配合。在生产某些产品的过程中，炉子生产率小于轧机的产量时，常常为了赶上轧机的产量而造成加热不均、内外温差大。甚至有时为了提高出炉温度而将钢表面烧化，而其中间温度还很低，造成加热质量很差。若炉子生产率大于轧机的产量时，则钢在炉内的停留时间大于所需要的加热时间，造成较大的氧化烧损量，这些情况均不符合加热要求。如遇到上述情况，应对炉子结构及操作方式做合理的改造或调整，使炉子产量和轧机产量相适应。

钢的加热缺陷分类及原因

钢在加热过程中，往往由于加热操作不好、加热温度控制不当以及加热炉内气氛控制不良等原因，使钢产生各种加热缺陷，严重地影响钢的加热质量，甚至造成大量废品和降低炉子的生产率。因此，必须对加热缺陷及其产生的原因、影响因素以及预防或减少缺陷产生的办法等进行分析和研究，以期改进加热操作，提高加热质量，从而获得加热质量优良的产品。

钢在加热过程中产生的缺陷主要有钢的氧化、脱碳、过热、过烧以及加热温度不均匀等。

5.1 钢的氧化

5.1.1 钢氧化的原因

钢在加热过程中，其表层的铁与炉气中氧化性气体 O_2、CO_2、H_2O、SO_2 等接触发生化学反应并生成氧化铁皮，这个反应称为钢的氧化。根据氧化程度的不同，生成几种不同的铁的氧化物——FeO、Fe_3O_4、Fe_2O_3。

氧化铁皮的形成过程也是氧和铁两种元素的扩散过程，氧由表面向铁的内部扩散，而铁则向外部扩散，外层氧的浓度大，铁的浓度小，生成铁的高价氧化物。所以，氧化铁皮的结构实际上是分层的，最靠近铁层的是 FeO，依次向外是 Fe_3O_4 和 Fe_2O_3。各层大致的比例是 FeO 占 40%、Fe_3O_4 占 50%、Fe_2O_3 占 10%。这样的氧化铁皮的熔点为 1300～1350℃。

5.1.2 钢的氧化对轧制过程的影响

钢在高温炉内加热时，由于炉气中含有大量 O_2、CO_2、H_2O，钢表面层要发生氧化。钢坯每加热一次，有 0.5%～3% 的钢由于氧化而烧损。随着氧化的进行及氧化铁皮的产生造成了大量的金属消耗，增加了生产成本，因此烧损指标是加热炉作业的重要指标之一。

氧化不仅造成钢的直接损失，而且氧化后产生的氧化铁皮堆积在炉底上，特别是实炉底部分，不仅使耐火材料受到侵蚀，影响炉体寿命，而且清除这些氧化铁皮是一项很繁重的劳动，严重的时候加热炉会被迫停产。

氧化铁皮还会影响钢的质量，它在轧制过程中压在钢的表面上，就会使表面产生麻点，损害表面质量。如果氧化层过深，会使钢坯的皮下气泡暴露，轧后造成废品。为了清除氧化铁皮，在加工的过程中，不得不增加必要的工序。

氧化铁皮的导热系数比纯金属低，所以钢表面上覆盖了氧化铁皮，又恶化了传热条件，炉子产量降低，燃料消耗增加。

5.2 钢的脱碳

5.2.1 钢脱碳的原因

钢在加热时，在生成氧化铁皮的基础上，由于高温炉气的存在和扩散的作用，未氧化的钢表面层中的碳原子向外扩散，炉气中的氧原子也透过氧化铁皮向里扩散。当两种扩散会合时，碳原子被烧掉，导致未氧化的钢表面层中化学成分贫碳的现象称为脱碳。

5.2.2 钢脱碳的危害

碳是决定钢性质的主要元素之一，脱碳使钢的硬度、耐磨性、疲劳强度、冲击韧性、使用寿命等力学性能显著降低。对工具钢、滚珠轴承钢、弹簧钢、高碳钢等质量有很大的危害，甚至因脱碳超出规定而成为废品。所以，脱碳问题是优质钢材生产中的关键问题之一。

5.3 钢的过热与过烧

5.3.1 钢产生过热的原因及危害

如果钢加热温度过高，而且在高温下停留时间过长，钢内部的晶粒增长过大，晶粒之间的结合能力减弱，钢的力学性能显著降低，这种现象称为钢的过热。过热的钢在轧制时极易发生裂纹，特别是坯料的棱角、端头尤为显著。

产生过热的直接原因，一般为加热温度偏高和待轧保温时间过长。因此，为了避免产生过热的缺陷，必须按钢种对加热温度和加热时间，尤其是高温下的加热时间，加以严格控制，并且应适当减少炉内的过剩空气量，当轧机发生故障长时间待轧时，必须将炉温降低。

过热的钢可以采用正火或退火的办法来补救，使其恢复到原来的状态再重新加热进行轧制。但是，这样会增加成本和影响产量。所以，应尽量避免产生钢的过热。

5.3.2 钢产生过烧的原因及危害

如果钢加热温度过高、时间又长，使钢的晶粒之间的边界上开始熔化，有氧渗入，并在晶粒间氧化，这样就失去了晶粒间的结合力，失去其本身的强度和可塑性，在钢轧制时或出炉受震动时，就会断为数段或裂成小块脱落，或者表面形成粗大的裂纹，这种现象称为钢的过烧。

过烧的钢无法挽救，只能报废，回炉重炼。生产中有局部过烧，这时可切掉过烧部分，其余部分可重新加热轧制。

5.4 粘钢

由于操作不慎，可能出现表面烧化现象，表面温度已经很高，使氧化铁皮熔化，如果时间过长，便容易发生粘钢。

5.4.1 产生粘钢的原因

一般情况下，产生粘钢的原因有三个方面：

（1）加热温度过高使钢表面熔化，而后温度又降低。

（2）在一定的推钢压力条件下，高温长时间加热。

（3）氧化铁皮熔化后黏结。

当加热温度达到或超过氧化铁皮的熔化温度（1300～1350℃）时，氧化铁皮开始熔化，并流入钢料与钢料之间的缝隙中，当钢料从加热段进入均热段时，由于温度降低，氧化铁皮凝固，便产生了粘钢。此外，粘钢还与钢种及钢坯的表面状态有关。一般酸洗钢容易发生粘钢，易切钢不易发生粘钢。钢坯的剪口处容易发生粘钢。

5.4.2 产生粘钢的后果

表面烧化了的钢容易烧结，黏结严重的钢出炉后分不开，不能轧制，将报废。因此，表面烧化的钢出炉时要格外小心，表面烧化过多，容易使皮下气孔暴露，从而使气孔内壁氧化，轧制后不能密合，因此产生发裂。

5.5 钢的加热温度不均匀

如果钢坯的各部分都同样地加热到规程规定的温度，那么钢的温度就均匀了。这时轧制所耗电力小，并且轧制过程容易进行。但要达到钢温完全一致是不可能的，只要钢坯表面温度和最低部分温度差不超过允许值，就可以认为是加热均匀了。

钢温不均通常有以下几种表现。

5.5.1 内外温度不均匀的原因及其影响

内外温度不均匀表现为坯料表面已达到或超过了加热温度，而中心还远远没有达到加热温度，即表面温度高、中心温度低，这主要是高温段加热速度太快和均热时间太短造成的。内外温度不均匀的坯料，在轧制时其延伸系数也不一样，有时在轧制初期还看不出来，但经过轧制几个道次之后，钢温就明显降低，甚至颜色变黑和钢性变硬，如果继续轧制就有可能轧裂或者发生断辊现象。

5.5.2 上下面温度不均匀的原因及其影响

上下面温度不均匀，经常都是下面温度较低，这是由于炉底管的吸热及遮蔽作用，钢坯下表面加热条件较差所致。同时由于操作不当及下加热能力不足时，也会造成上下加热面钢温不均。

上加热面温度高于下加热面的钢坯，在轧制时，由于上表面延伸好，轧件将向下弯曲，极易缠辊或穿入辊道间隙，甚至造成重大事故；上加热面温度低于下加热面温度时，轧件向上弯曲、轧件不易咬入，给轧制带来很大困难。

5.5.3 钢坯长度方向温度不均的原因及其影响

钢坯沿长度方向温度不均，常表现为：

（1）坯料两端温度高、中间温度低，尤其对较宽的炉子更易出现这种现象。这主要是由于炉型结构的原因，坯料两端头在炉中的受热条件最好。

（2）坯料两端温度低、中间温度高。这主要是炉子封闭不严，炉内负压吸入冷风使坯料端头冷却所致。

（3）坯料一端温度高、另一端温度低。一般长短料偏装，或沿宽度方向上炉温不均时易出现。

（4）在有水冷滑道管的连续式炉内，在钢坯与滑道相接触的部位一般温度都较低，而且有明显的水冷黑印。水管黑印常造成板带钢厚度不均，影响产品质量。

5.6 加热裂纹

加热裂纹分为表面裂纹和内部裂纹两种。

5.6.1 表面裂纹产生的原因及其影响

钢加热中的表面裂纹往往是由于原料表面缺陷（如皮下气泡、夹杂、裂纹等）消除不彻底造成的。原料的表面缺陷在加热时受温度应力的作用发展成为可见的表面裂纹，在轧制时则扩大成为产品表面的缺陷。此外，过热也会产生表面裂纹。

5.6.2 内部裂纹产生的原因及其影响

加热中的内部裂纹则是由于加热速度过快以及装炉温度过高造成的。尤其是高碳钢和合金钢的加热，因为这些钢的导热性都较差，在装炉温度过高、加热过快的条件下，由于内外温差悬殊造成温度应力过大，致使被加热的钢坯内部不均匀膨胀而产生内部裂纹。因此在加热高碳钢及合金钢时，应严格控制加热速度及炉尾温度，以防止内部裂纹的产生。

加热用燃料的一般知识

现代的工业炉大多以燃料作为炉子热能的来源。本章主要讨论燃料（气体、液体和固体）的性质及其燃烧计算以及燃料的燃烧机理。

在自然界的各种能源中，燃料目前仍占最重要的地位。冶金工业是燃料消耗巨大的行业，燃料会直接影响冶金工业的发展。

目前，冶金工业所用的燃料都是碳氢类燃料。碳氢类燃料根据其物质形态，可以分为固体燃料、液体燃料和气体燃料；根据其来源又可分为天然燃料和加工燃料。天然燃料（如煤炭和石油）直接燃烧在经济上不合算，在技术上也不合理。应当开展综合利用，把天然燃料首先作为化工原料，提取一系列重要产品后再做燃料使用。现代冶金联合企业主要使用各类加工燃料。

一些主要碳氢类燃料的分类见表6-1。

各种燃料的性质是比较复杂的，这里重点是要了解那些和炉子热工过程有关的性质，即燃料的化学组成及表示方法和燃料发热量。

表 6-1 一些主要碳氢类燃料的分类

燃料的物态	来源	
	天然燃料	加工燃料
固体燃料	木柴、泥煤、褐煤、烟煤、无烟煤	木炭、焦炭、粉煤、型煤、型焦
液体燃料	石油	汽油、煤油、柴油、重油、焦油、煤水浆
气体燃料	天然气	高炉煤气、焦炉煤气、发生炉煤气、水煤气、石油裂化气、转炉煤气

6.1 燃料的化学组成及成分表示方法

6.1.1 气体燃料的化学组成及成分表示方法

6.1.1.1 气体燃料的化学组成

气体燃料由 CO、H_2、CH_4、C_2H_4、C_mH_n、H_2S、CO_2、N_2、O_2、SO_2、H_2O 等简单的化合物和单质混合组成，其中主要的可燃成分是 CO、H_2、CH_4、C_2H_4、C_mH_n 等，它们在

燃烧时能放出热量。CO_2、N_2、O_2、SO_2、H_2O 等是不可燃成分，它们在燃烧时不能放出热量，故其含量不要过高。H_2S 的燃烧产物 SO_2 有毒性，对人身和设备都有害，所以应视为煤气中的有害成分。此外，煤气中还含有少量灰尘，这些不可燃成分的增加会使得煤气中的可燃成分减少，从而使其发热量有所降低。

由于气体燃料是由各单一化学成分所组成的机械混合物，可采用吸收法进行化学成分分析，同时分析的结果能够确切地说明燃料的化学组成和性质。因为在做煤气成分分析时总是先把煤气中的水分吸收掉以后才进行分析，所以吸收法分析所得到的结果是不包括水分在内的“干成分”。但实用中的煤气成分都含有一定的水分在内。因此燃烧计算时应以“湿成分”为基准。气体燃料中的水分含量是单独测量的，通常以 $1m^3$ 干煤气中吸收进去水分的质量表示，并用符号 $g_{H_2O}^{干}$ （g/m^3）来表示。

6.1.1.2 气体燃料成分表示方法及成分换算

煤气成分就是用上述各单一气体在煤气中所占的体积分数来表示。由于煤气的分析成分是干成分，而实际生产中煤气燃烧时又是以湿成分作为基准，因此要求掌握干成分和湿成分之间的换算方法。

（1）湿成分，指包括水分在内的煤气成分，其表示方法为：

$$CO^{湿}+H_2^{湿}+CH_4^{湿}+\cdots+N_2^{湿}+CO_2^{湿}+H_2O^{湿}=100\% \tag{6-1}$$

式中，$CO^{湿}$，$H_2^{湿}$，$CH_4^{湿}$，…分别表示 CO、H_2、CH_4、…成分在湿煤气中所占的体积分数。

（2）干成分，指不包括水分在内的煤气成分，其表示方法为：

$$CO^{干}+H_2^{干}+CH_4^{干}+\cdots+N_2^{干}+CO_2^{干}=100\% \tag{6-2}$$

式中，$CO^{干}$，$H_2^{干}$，$CH_4^{干}$，…分别表示 CO、H_2、CH_4、…成分在干煤气中所占的体积分数。

（3）干成分、湿成分间的换算。从定义知，干成分、湿成分之间的差别仅在于 $H_2O^{湿}$ 的含量是否计算到 100% 之中的问题。水的含量可以实测，在计算煤气中水分含量时一般都采用煤气在某温度下的饱和水蒸气含量，当温度变化时，饱和水蒸气含量也发生变化。所以，$H_2O^{湿}$ 是煤气在一定温度下的水分含量，应在分析结果中注明温度。但湿成分又是实际应用时的成分，在计算时常常需要进行干湿成分的换算，如：

$$CO^{湿}=CO^{干}\times\frac{100-H_2O^{湿}}{100} \tag{6-3}$$

式中 $CO^{湿}$——气体燃料中 CO 气体的湿成分；

$CO^{干}$——气体燃料中 CO 气体的干成分；

$H_2O^{湿}$——每 100m³ 湿气体燃料中水分的体积。

其余成分均照此类推。

用式（6-3）换算时，需要知道某温度下的水分含量

($H_2O^{湿}$)，表6-2能查到的是1m³干气体在某温度下所能吸收

表6-2 不同温度下的饱和水蒸气量

温度/℃	饱和水蒸气分压(×133.32)/Pa	每1m³含水汽量/g	温度/℃	饱和水蒸气分压(×133.32)/Pa	每1m³含水汽量/g
20	17.5	19.0	39	52.4	59.6
21	18.9	20.2	40	55.3	63.1
22	19.8	21.5	42	61.5	70.8
23	21.1	22.9	44	68.3	79.3
24	22.4	24.4	46	75.5	88.8
25	23.8	26.0	48	83.7	99.5
26	25.2	27.6	50	92.5	111
27	26.7	29.3	52	102.1	125
28	28.3	31.1	54	112.5	140
29	30.0	33.1	56	123.8	156
30	31.8	35.1	57	129.8	166
31	33.7	37.3	58	136.1	175
32	35.7	39.6	60	149.4	197
33	37.7	42.0	62	163.8	221
34	39.9	44.5	64	179.3	248
35	42.2	47.3	66	196.1	280
36	44.6	50.1	68	214.2	315
37	47.1	53.1	70	233.7	357
38	49.7	56.2	72	254.6	405

的饱和水蒸气的质量，即 $g_{H_2O}^{干}$ (g/m³)。在标准状态下，1kmol水蒸气的体积为22.4m³，质量为18kg。所以，1kg水

蒸气体积为 22.4/18 = 1.24（m^3/kg），1m^3 干煤气变为湿煤气时的总体积将是：$1+0.00124g_{H_2O}^{干}$（m^3）。

得
$$H_2O^{湿}=\frac{0.00124g_{H_2O}^{干}}{1+0.00124g_{H_2O}^{干}}\times 100\% \qquad (6-4)$$

［例 6－1］ 某天然气的干成分为 $CH_4^{干}=90.50\%$，$C_2H_6^{干}=5.78\%$，$C_2H_4^{干}=2.30\%$，$CO_2^{干}=0.30\%$，$N_2^{干}=1.12\%$，求 30℃ 时湿成分（30℃时的饱和水蒸气量 $g_{H_2O}^{干}=35.1g/m^3$）。

解：根据式（6－4）得：

$$H_2O^{湿}=\frac{0.00124\times 35.1}{1+0.00124\times 35.1}\times 100\%=4.17\%$$

$$CH_4^{湿}=CH_4^{干}\times\frac{100-H_2O^{湿}}{100}=90.50\%\times\frac{100-4.17}{100}$$

$$=90.50\%\times 0.9583=86.73\%$$

$$C_2H_6^{湿}=5.78\%\times 0.9583=5.54\%$$

$$C_2H_4^{湿}=2.30\%\times 0.9583=2.20\%$$

$$CO_2^{湿}=0.30\%\times 0.9583=0.29\%$$

$$N_2^{湿}=1.12\%\times 0.9583=1.07\%$$

$$CH_4^{湿}+C_2H_6^{湿}+C_2H_4^{湿}+CO_2^{湿}+N_2^{湿}+H_2O^{湿}$$
$$=86.73\%+5.54\%+2.20\%+0.29\%+1.07\%+4.17\%$$
$$=100\%$$

6.1.2 液体燃料和固体燃料的化学组成及成分表示方法

6.1.2.1 液体和固体燃料的化学组成

自然界中的液体和固体燃料都是来源于埋藏地下的有机

物质，它们是古代植物和动物在地下经过长期物理和化学的变化而生成的。所以它们都是由有机物和无机物两部分组成。有机物主要由 C、H、O 及少量的 N、S 等构成。这些复杂的有机化合物分析十分困难，所以一般只测定 C、H、O、N、S 元素的质量分数，与燃料的其他特性配合起来，帮助我们判断燃料的性质和进行燃烧计算。燃料的无机物部分主要是水分（W）和矿物质（Al_2O_3、SiO_2、MgO 等），其中矿物质又称为灰分，用符号 A 表示。

6.1.2.2 固体、液体燃料成分表示方法

固体、液体燃料的组成通常以其各组成物的质量分数表示。冶金燃料基于不同的分析基准，常用的成分表示方法有三种：应用成分、干燥成分和可燃成分。

应用成分反映了燃料在实际应用时的组成，包括全部 C、H、O、N、S 和灰分（A）、水分（W），以上述组成的总和为 100%，即：

$$C^{用}+H^{用}+O^{用}+N^{用}+S^{用}+A^{用}+W^{用}=100\% \quad (6-5)$$

式中，$C^{用}$，$H^{用}$，$O^{用}$，…分别代表 C、H、O、…这些组成在应用成分中的质量分数。

燃料中的水分受外界条件影响很大，因此应用成分常常不能正确反映燃料的本性。为了便于比较，在工程上有时用干燥成分表示：

$$C^{干}+H^{干}+O^{干}+N^{干}+S^{干}+A^{干}=100\% \quad (6-6)$$

灰分往往受到运输和储存条件的影响而波动。为了更确

切地反映燃料的性质，有时还采用无水、无灰基准，以这种方式表达的质量分数组成称为燃料的可燃成分，即：

$$C^{燃}+H^{燃}+O^{燃}+N^{燃}+S^{燃}=100\% \qquad (6-7)$$

对于上述几种成分表示方法而言，由于任何一种组成成分在试样中所占的绝对含量相同，不同表示方法中各成分只是所占的相对百分数有差别，因此很容易找到它们的换算关系。各成分进行换算的换算系数见表6－3。

表6－3 固体、液体燃料成分的换算系数

已知成分	要换算的成分		
	可燃成分	干燥成分	应用成分
可燃成分	1	$\frac{100-A^{干}}{100}$	$\frac{100-(A^{用}+W^{用})}{100}$
干燥成分	$\frac{100}{100-A^{干}}$	1	$\frac{100-W^{用}}{100}$
应用成分	$\frac{100}{100-(A^{用}+W^{用})}$	$\frac{100}{100-W^{用}}$	1

［**例6－2**］ 已知煤的下列成分：$C^{燃}=85.22\%$，$H^{燃}=4.33\%$，$O^{燃}=8.47\%$，$N^{燃}=1.35\%$，$S^{燃}=0.63\%$，$A^{干}=10.73\%$，$W^{用}=8.34\%$。试确定煤的应用成分。

解：由表6－3可求出灰分的应用成分为：

$$A^{用}=\left(\frac{100-W^{用}}{100}\right)A^{干}=\left(\frac{100-8.34}{100}\right)\times 10.73\%=9.84\%$$

再根据表6－3确定各元素的应用成分：

$$C^{用}=\left[\frac{100-(A^{用}+W^{用})}{100}\right]C^{燃}$$

$$=\left[\frac{100-(9.84+8.34)}{100}\right]\times 85.22\%$$

$$=0.8182\times 85.22\%=69.73\%$$

同理可得：

$$H^{用}=0.8182\times 4.33\%=3.54\%$$

$$O^{用}=0.8182\times 8.47\%=6.93\%$$

$$N^{用}=0.8182\times 1.35\%=1.10\%$$

$$S^{用}=0.8182\times 0.63\%=0.52\%$$

6.2 燃料的发热量及其评价

燃料发热量的高低是衡量燃料质量和热能价值高低的重要指标，也是燃料的一个重要特性。在实际生产中，知道燃料的发热量将有助于正确地评价燃料质量的好坏，以此指导现场操作。

6.2.1 燃料发热量的概念

单位质量或体积的燃料完全燃烧后所放出的热量称为燃料的发热量。对于固体、液体燃料，其发热量的单位是kJ/kg，气体燃料发热量的单位是kJ/m^3。燃料完全燃烧后放出的热量还与燃烧产物中水的状态有关。基于燃烧产物中水的状态不同，可以把燃料的发热量分为高发热量和低发热量。当燃烧产物的温度冷却到参加燃烧反应物质的原始温度20℃，同时产物中的水蒸气冷凝成为0℃的水时，所放出的热量称为燃料的高发热量，用 $Q_{高}$ 表示。当燃烧产物中的水分不是呈液态，而是呈20℃的水蒸气存在时，由于水分的汽化热没有放出而使发热量降低，这时得到的热量称为燃料的低发热量，用 $Q_{低}$ 表示。

在实验室条件下测定发热量时，燃烧产物中的水被冷却成液态水，故可得到高发热量。而在实际的加热炉上，燃烧产物出炉时不可能使水冷凝成为液态水，所以实际生产上用的都是低发热量。

对于固体、液体燃料，高发热量与低发热量之间的换算关系如下：

水在恒压下由0℃的水变为20℃蒸汽的汽化热近似为2512kJ/kg，设100kg燃料中的氢为 H kg，水为 W kg，则燃烧后总的水质量为（$9H+W$）kg，故高发热量与低发热量之间的差额为 $[2512(9H+W)/100]$ kJ/kg = 25.12（$9H+W$）(kJ/kg)。

所以
$$Q_{高}=Q_{低}+25.12(9H+W) \tag{6-8a}$$

同理，对于气体燃料，高发热量与低发热量之间的换算关系应为：

$$Q_{高}=Q_{低}+\left[19.59\left(H_2^{干}+\sum\frac{n}{2}C_mH_n^{干}+H_2S^{干}\right)+2352g_{H_2O}^{干}\right]\cdot\frac{1}{1+0.00124g_{H_2O}^{干}}$$

$$= Q_{低} + 19.59(H_2^{湿} + \sum \frac{n}{2} C_m H_n^{湿} + H_2S^{湿} + H_2O^{湿}) \quad (6-8b)$$

6.2.2 燃料发热量的计算

6.2.2.1 气体燃料

气体燃料通常由若干单一的可燃成分所组成，每种可燃成分的发热量可以精确测定，所以只需把各可燃成分的发热量加起来即可，其计算公式为：

$$Q_{低} = 127.7CO^{湿} + 107.6H_2^{湿} + 358.8CH_4^{湿} + 599.6C_2H_4^{湿} + 231.1H_2S^{湿} + 712C_mH_n^{湿} \quad (6-9)$$

式中，$CO^{湿}$，$H_2^{湿}$，…分别为 100m^3 气体燃料中各成分的体积，m^3；127.7，107.6，…分别为每 1/100m^3 各组成气体的发热量。

6.2.2.2 固体、液体燃料

对于固体、液体燃料，因为燃料中化合物的组成和数量很难分析，加上 C 和 H 存在的状态非常复杂并且难以确定，所以根据燃料成分计算燃料发热量的方法，通常得不到准确的结果。目前，工业炉上广泛应用的近似计算公式是门捷列夫经验公式：

$$Q_{低} = 339.1C^{用} + 1256H^{用} - 108.9(O^{用} - S^{用}) - 25.12(9H + W) \quad (6-10)$$

式中，$C^{用}$，$H^{用}$，…分别为100kg燃料中各成分的质量，kg。

各种燃料的发热量差别很大，为了便于比较使用不同燃料的炉子热耗，人为地规定了一个“标准燃料”的概念，每1kg标准燃料的发热量定为29302kJ/kg（7000kcal/kg），这样就可以把各种燃料折算为标准燃料进行对比分析。

6.3 加热炉常用的燃料

常用于加热炉的燃料有煤、重油、天然气、高炉煤气、焦炉煤气、发生炉煤气等。

6.3.1 固体燃料

煤是由古代的植物经过在地下长期炭化形成的。根据炭化程度的不同，煤又可分为泥煤、褐煤、烟煤、无烟煤。炭化程度越高，煤中的水分、挥发分就越少，固定碳越多。

6.3.1.1 泥煤

泥煤是最年轻的煤，其中还保留了一部分植物残体，含水量很高，作为燃料的工业价值不大。

6.3.1.2 褐煤

褐煤是泥煤进一步炭化的产物。它的外观呈褐色，少数呈褐黑或黑色。褐煤的挥发分较高，发热量较低，化学反应性强，在空气中可以氧化或自燃，风化后容易破裂，在炉内受热后破碎粉化严重。冶金厂有时用来烧锅炉或低温的炉子。

6.3.1.3 烟煤

烟煤是工业煤中最主要的一种，烟煤比褐煤炭化更完全，水分和挥发分进一步减少，固体碳增加。低发热量较高，一般都在23000～29300kJ/kg之间。

6.3.1.4 无烟煤

无烟煤是炭化程度最完全的煤，其中挥发分很少。它的外观呈黑色，有时稍带灰色，而有金属光泽。无烟煤化学反应性较差，受热后容易爆裂。无烟煤挥发分少，燃烧时火焰很短，故在冶金生产中很少使用。

6.3.2 液体燃料

加热炉所用的液体燃料主要是重油。将天然石油经过加工，提炼了汽油、煤油、柴油等轻质产品后，剩下的相对分子质量较大的油就是重油，也称渣油。由于重油在冶金企业生产中用途最广，故在此将它的元素组成和几种重要特性介绍如下：

（1）重油的元素组成和发热量。重油是由85%～87%C，10%～12%H，1%～2%O，1%～4%S，0.3%～1%N，0.01%～0.05%A，0～0.3%W等成分组成的。重油主要由碳

氢化合物组成，杂质很少。一般重油的低发热量为40000～42000kJ/kg。

（2）黏度。黏度是表示流体流动时内摩擦力大小的物理指标。即黏度越大，流体质点间内摩擦力越大，流体的流动性越差。黏度的大小对重油的运输和雾化有很大影响，所以在使用时对重油的黏度应当有一定的要求，并且应该保持稳定。

黏度的表示方法很多，工业上表示重油黏度指标时通常采用恩氏黏度（$°E$），该值使用漏斗状的恩氏黏度计测得，即：

$$°E_t = \frac{t℃\text{时 200mL 油从容器中流出的时间}}{20℃\text{时 200mL 水从容器中流出的时间}}$$

重油的黏度主要与温度有关，随着温度的升高，它将显著下降。由于重油的凝固点一般在30℃以上，因此在常温下大多数重油都处于凝固状态，故它的黏度很高。为了保证重油的输送和进行正常的燃烧，一般采用电加热或蒸汽加热等方法来提高温度，以降低油的黏度，提高其流动性和雾化性。对于要求输送的重油，加热温度一般以70～80℃（30～40$°E$）为宜。但在喷嘴前一般油温以110～120℃（10～15$°E$）为宜，因为这样可提高油的雾化质量，使油能充分完全燃烧。

（3）闪点、燃点、着火点。重油加热时表面会产生油蒸汽，随着温度的升高，油蒸汽越来越多，并和空气相混合，当达到一定温度时，火种一接触油气混合物便发生闪火现象。这一引起闪火的最低温度称为重油的闪点。再继续加热，产生油蒸汽的速度更快，此时不仅闪火而且可以连续燃烧，这时的温度称为重油的燃点。继续提高重油温度，即使不接近火种油蒸汽也会发生自燃，这一温度称为重油的着火点。

重油的闪点一般在80~130℃的范围内，燃点一般比闪点高7~10℃。而它的着火点一般在500~600℃之间，当炉温低于着火点时，重油一般不能进行很好的燃烧。

闪点、燃点和着火点关系到用油的安全。闪点以下油没有着火的危险，所以储油罐内重油的加热温度必须控制在闪点以下。

（4）水分。重油含水分过高会使着火不良，火焰不稳定，降低燃烧温度，所以限制重油的水分在2%以下。但往往采用蒸汽对重油直接加热，因而使重油含水量大大增加，一般应在储油罐中用沉淀的方法使油水分离而脱去。

（5）残碳率。使重油在隔绝空气的条件下加热，将蒸发出来的油蒸汽烧掉，剩下的残碳以质量分数表示就称为残碳率。我国重油的残碳率一般在10%左右。

残碳率高的重油燃烧时，可以提高火焰的黑度，有利于增强火焰的辐射能力，这是有利的一面；但残碳多时，又会在油烧嘴口部积炭结焦，造成雾化不良，影响油的正常燃烧。

（6）重油的标准。我国现行的重油标准共有四个牌号，即20号、60号、100号、200号四种。重油的牌号是指在

50℃时，该重油的恩氏黏度值。各牌号重油的分类标准（SYB 1091—1960）见表6-4。

表6-4 重油的分类标准

<table>
<tr><th colspan="2" rowspan="2">指 标</th><th colspan="4">牌 号</th></tr>
<tr><th>20号</th><th>60号</th><th>100号</th><th>200号</th></tr>
<tr><td rowspan="2">恩氏黏度°E</td><td>80℃时不大于</td><td>5.0</td><td>11.0</td><td>15.5</td><td></td></tr>
<tr><td>100℃时不大于</td><td>—</td><td>—</td><td>—</td><td>5.5~9.5</td></tr>
<tr><td colspan="2">闪点（开口，≥）/℃</td><td>80</td><td>100</td><td>120</td><td>130</td></tr>
<tr><td colspan="2">凝固点（≤）/℃</td><td>15</td><td>20</td><td>25</td><td>36</td></tr>
<tr><td colspan="2">灰分（≤）/%</td><td>0.3</td><td>0.3</td><td>0.3</td><td>0.3</td></tr>
<tr><td colspan="2">水分（≤）/%</td><td>1.0</td><td>1.5</td><td>2.0</td><td>2.0</td></tr>
<tr><td colspan="2">硫分（≤）/%</td><td>1.0</td><td>1.5</td><td>2.0</td><td>3.0</td></tr>
<tr><td colspan="2">机械杂质（≤）/%</td><td>1.5</td><td>2.0</td><td>2.5</td><td>2.5</td></tr>
</table>

6.3.3 气体燃料

气体燃料的种类很多。目前，加热炉常用的气体燃料有天然气、高炉煤气、焦炉煤气、发生炉煤气、高炉和焦炉混合煤气等。下面就将介绍这些燃料各自的特性。

6.3.3.1 天然气

天然气是直接由地下开采出来的可燃气体，它的主要可燃成分是 CH_4，含量一般为 80% ~98%。此外，还有其他少量的碳氢化合物及 H_2 等可燃气体，不可燃气体很少，所以发热量很高，大多都在 33500 ~46000kJ/m^3 之间。天然气的理论燃烧温度高达 2020℃。

天然气是一种无色、稍带腐臭味的气体，比空气轻（密度为 0.73 ~0.80kg/m^3），而且极易着火，与空气混合到一定比例（容积比为 4% ~15%），遇到明火会立即着火或爆炸，现场操作时应注意这一特征。天然气燃烧时所需的空气量很大，每 1m^3 天然气需 9 ~14m^3 空气，而且燃烧时甲烷及其碳氢化合物分解析出大量固体碳粒，燃烧火焰明亮，辐射能力强。

6.3.3.2 高炉煤气

高炉煤气是高炉炼铁的副产品，它主要由可燃成分 CO、H_2、CH_4 和不可燃成分 N_2、CO_2 组成，其中 CO 占 30% 左右，H_2 和 CH_4 的数量很少。高炉煤气含有大量的 N_2 和 CO_2，占 60% ~70%，所以发热量比较低，通常只有3350 ~4200kJ/m^3。高炉煤气由于发热量低，燃烧温度也较低，约 1470℃，在加热炉上单独使用困难，往往是与焦炉煤气混合使用，或在燃烧前将煤气与空气预热。应当注意 CO 对人是有害的，如果大气中 CO 浓度超过 30mg/m^3，人就会有中毒的危险。因此，在使用 CO 成分较多的煤气，如高炉煤气时，需特别注意防止煤气中毒事故发生。此外，高炉煤气着火温度较高，通常为 740 ~ 810℃。现代高炉往往采用富氧鼓风和高压炉顶等技术，这些技术往往对高炉煤气的热值有一定的影响。采用富氧鼓风时，高炉煤气的 CO 和 H_2 升高，而氮气含量降低，所以煤气的发热量相应提高。采用高压炉顶技术时，随着炉顶压力的升高，煤气 CO 略有降低，而 CO_2 相应升高，所以煤气的发热量稍有下降。

6.3.3.3 焦炉煤气

焦炉煤气是炼焦生产的副产品。它的燃料成分组成为：H_2 含量一般超过 50%，CH_4 含量一般超过 25%，其余是少量的 CO、N_2、CO_2、H_2S 等。由于焦炉煤气内的主要可燃成分是高发热量的 H_2 和 CH_4，因此焦炉煤气的发热量较高，为 16000 ~ 18800kJ/m^3。如果炼焦用煤的挥发分高，焦炉煤气中 CH_4 等成分的含量将增高，煤气的发热量也将增高。焦炉煤气的理论燃烧温度约为 2090℃。焦炉煤气由于含 H_2 高，因此火焰黑度小，较难预热，同时密度只有 0.4 ~ 0.5kg/m^3，比其他煤气轻，火焰的刚性差，容易往上飘。

6.3.3.4 高炉 - 焦炉混合煤气

在现代的钢铁联合企业里，可以同时得到大量高炉煤气和焦炉煤气，高炉煤气和焦炉煤气的产量比值大约为10:1，针对高炉煤气产量大、发热量低和焦炉煤气产量低、发热量较高的特点，为了发挥其各自的优点，充分利用这些副产燃气资源，可以利用不同比例的高炉煤气和焦炉煤气配成各种发热量的混合煤气。

如果高炉煤气与焦炉煤气的发热量分别为$Q_{高}$和$Q_{焦}$，要配成发热量为$Q_{混}$的混合煤气，可用式（6－11）计算，设焦炉煤气在混合煤气中的体积分数为x，则高炉煤气的分数为$(1-x)$。

那么
$$Q_{混}=xQ_{焦}+(1-x)Q_{高} \tag{6-11}$$

整理式（6－11），得：

$$x=\frac{Q_{混}-Q_{高}}{Q_{焦}-Q_{高}} \tag{6-12}$$

采用高炉、焦炉混合煤气不仅合理利用了燃料，而且改善了火焰的性能，它既克服了焦炉煤气火焰上飘的缺点，同时也可以利用焦炉煤气中碳氢化合物分解产生的碳粒，在燃烧时可以增强火焰的辐射能力。

6.3.3.5 转炉煤气

转炉煤气含CO高达50%～70%，转炉煤气极易造成人体中毒，爆炸范围更广。转炉煤气主要成分是CO，冶炼1t钢一般可以回收含CO为50%～70%的煤气60m^{3}左右，它是良好的燃料和化工原料，发热量为6280～10467kJ/m^3，为高炉煤气的2~3倍，理论燃烧温度为1650~1850℃。

6.3.3.6 发生炉煤气

发生炉煤气是以固体燃料为原料，在煤气发生炉中制得的煤气，这个热化学过程称为固体燃料的气化。它是由可燃成分CO、H_2、CH_4和不可燃成分N_2、CO_2以及少量的其他化学成分组成。根据气化介质的不同，发生炉煤气分为空气煤气、空气-蒸汽煤气等。作为加热炉燃料使用的主要是空气-蒸汽煤气，通常所说的发生炉煤气就是指这一种。它们的化学组成为：CO含量为20%~30%，H_2含量为8%~15%，N_2含量约为50%。这种煤气燃烧时发热量较低，仅为5020~5230kJ/m^3。

各种常见气体燃料成分及发热量见表6-5。

表6-5 各种常见气体燃料成分及低发热量

煤气名称	干成分/%							$Q_{低}$ /kJ·m^{-3}
	CO	H_2	CH_4	C_mH_n	CO_2	O_2	N_2	
天然气	—	0~2	85~97	0.1~4	0.1~2	—	0.2~4	33500~46000
高炉煤气	22~31	2~3	0.3~0.5	—	10~19	—	55~58	3350~4200

续表6－5

煤气名称	干成分/%							$Q_{低}$ /kJ·m^{-3}
	CO	H_2	CH_4	C_mH_n	CO_2	O_2	N_2	
焦炉煤气	6～8	55～60	24～28	2～4	2～4	0.4～0.8	4～7	16000～18800
转炉煤气	50～70	0.5～2.0	—	—	10～25	0.3～0.8	10～20.5	6280～10467
发生炉煤气（空气－蒸汽）煤气	24～30	12～15	0.5～3	0.2～0.4	5～7	0.1～0.3	46～55	5020～5230

炉体耐火材料的常识

砌筑加热炉广泛使用各种耐火材料和绝热材料。耐火材料的合理选择、正确使用是保证加热炉的砌筑质量，提高炉子使用寿命，减少炉子热能损耗的前提。耐火材料的种类繁多，了解各种耐火材料的性能、使用要求及方法，是正确使用耐火材料的必要条件。

7.1 耐火材料的分类及其要求

7.1.1 耐火材料的分类

耐火制品通常根据耐火材料的化学成分，耐火度、形状尺寸和烧制方法，耐火材料的化学性质等进行分类。

7.1.1.1 按耐火材料的化学成分分类

（1）硅质制品：

1）硅砖。SiO_2 含量不小于93%。

2）石英玻璃。SiO_2 大于99%。

（2）硅酸铝质制品：

1）半硅砖。SiO_2 含量大于65%，Al_2O_3 含量小于30%。

2）黏土砖。SiO_2 含量小于65%，Al_2O_3 含量30%～46%。

3）高铝砖。Al_2O_3 含量不小于46%。

（3）镁质制品：

1）镁砖。MgO 含量85%以上。

2）镁铬砖。MgO 含量55%～60%，Cr_2O_3 含量8%～12%。

3）白云石制品。CaO 含量40%以上，MgO 含量30%以上。

4）镁铝砖。MgO 含量不小于80%，Al_2O_3 含量5%～10%。

（4）铬质。

（5）碳质及碳化硅质制品。

（6）锆质。

（7）特种氧化物制品。

7.1.1.2 按耐火度、形状尺寸和烧制方法分类

（1）耐火度为1580～1770℃时为普通耐火制品，1770～2000℃时为高级耐火制品，大于2000℃时为特级耐火制品。

（2）按尺寸形状分为块状耐火材料和散状耐火材料。

（3）按烧制方法分为不烧砖、烧制砖和熔铸砖。

7.1.1.3 根据耐火材料的化学性质分类

（1）酸性耐火材料。

（2）碱性耐火材料。

（3）中性耐火材料。

7.1.2 对耐火材料的要求

砌筑加热炉的耐火材料应满足以下要求：

（1）具有一定的耐火度。即在高温条件下使用时，不软化、不熔融。各国均规定：耐火度高于1580℃的材料才称为耐火材料。

（2）在高温下具有一定的结构强度，能够承受规定的建筑荷重和工作中产生的应力。

（3）在高温下长期使用时，体积保持稳定，不会产生过大的膨胀应力和收缩裂缝。

（4）温度急剧变化时，不能迸裂破坏。

（5）对熔融金属、炉渣、氧化铁皮、炉衬等的侵蚀有一定的抵抗能力。

（6）具有较好的耐磨性及抗震性能。

（7）外形整齐，尺寸精确，公差不超过要求。

以上是对耐火材料总的要求。事实上，目前尚无一种耐火材料能同时满足上述要求，这一点必须给予充分的注意。选择耐火材料时，应根据具体的使用条件，根据耐火材料的要求确定出主次顺序。

7.2 炉体耐火材料的施工方法

7.2.1 耐火材料的验收、存放和保管

耐火材料的验收一般包括：

（1）质量证明书。质量证明书上一般按牌号和砖号列出耐火制品的各项指标值，并注明是否符合技术要求、技术条件和设计要求。必要时，还需由实验室进行检验。

（2）外形外观检查。根据炉子所用耐火材料标准中所列的项目进行全数检查或批量抽查。

（3）耐火预制件的尺寸精度按相应标准进行。

耐火材料一般在有盖仓库内妥善保管，对受潮易变质的耐火材料还应采取必要的防潮措施。存放于仓库内的耐火材料，要按牌号、砖号和砌筑顺序合理地规划和堆放，并做出标志。不定形耐火材料、耐火泥浆、结合剂等应分别保存在防止潮湿和防污垢的仓库内，并且对易结块的不定形耐火材料堆放不能过高。对有时效性的不定形耐火材料，根据不同结合剂和外加剂的保管要求，妥善保管，并注明其名称、牌号和生产时间。耐火预制构件堆放时，必须考虑支承的位置和方法，以防止构件受力不均而造成损伤。

7.2.2 加热炉砌砖规定

加热炉砌砖规定如下：

（1）砌筑加热炉用的耐火材料及隔热材料，一般要防止受潮。

（2）砌筑耐火砖所用耐火泥的耐火度和化学成分与所用砖的耐火度和化学成分相适应。

（3）耐火砌体一般要求错缝砌筑，砖缝以泥浆填满；干砌时以干耐火粉填满。

（4）加热炉砌体的表面应勾缝。

（5）耐火砌体和隔热砌体，从施工到投产的过程都要预防受潮。

（6）禁止直接在砌体上砍凿砖。砌耐火砖时，一般要求用木槌找正。

（7）砖的砍凿面一般不应朝向炉膛、炉子通道的内表面或膨胀缝。

（8）烟道同下沉很大的烟囱和其他建筑物连接时，应在这些建筑物的全高建完。沉降基本稳定后，或者在烟道与烟囱或其他建筑物间设有沉降缝时，才允许砌筑烟道，沉降缝应防止透气和渗水。

7.2.3 砌砖方法

根据砖在砌体中的位置分为平砌、侧砌和竖砌三种，如图 7－1 所示。通常，砖的长侧表面称为顺面，端头短的表面称为顶面，两个宽表面称为大面。当砖的长边顺着墙平砌时称为顺砌，当砖的长边在墙上横着平砌时称为顶砌。

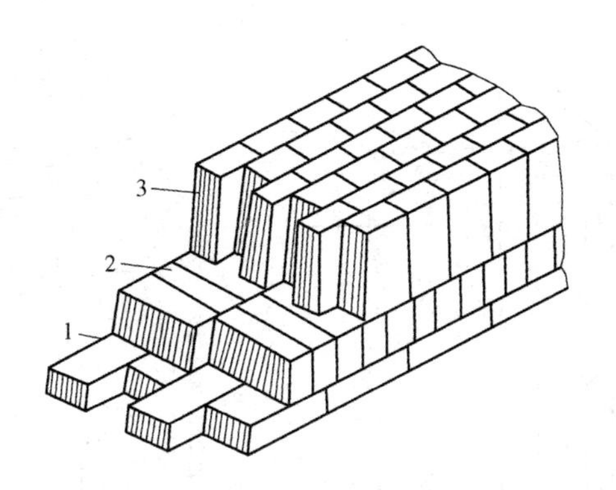

图 7－1 砖的平砌、侧砌和竖砌

1—平砌砖层；2—侧砌砖层；3—竖砌砖层

7.2.3.1 炉墙砌筑

砌墙时，在同一砖层内，前后相邻砖列和上下相邻砖层的砖缝应交错。

墙的砌体要平整和垂直。为了保持砖层的水平，砌墙按拉紧的线绳进行。用水平尺和靠尺检查砌体表面的平整度，用控制样板检查墙的垂直度或倾斜度。

砌墙中断时，应留成阶梯形退台。

砌筑砖垛时，上下相邻砖层的垂直缝均应交错。

弧形墙错缝与直形墙错缝的方法相同，如图 7－2 所示。弧形墙应按中心线砌筑，当炉壳中心线的垂直误差符合规定时，弧形墙也可以炉壳作导面进行砌筑，并用样板进行检查。

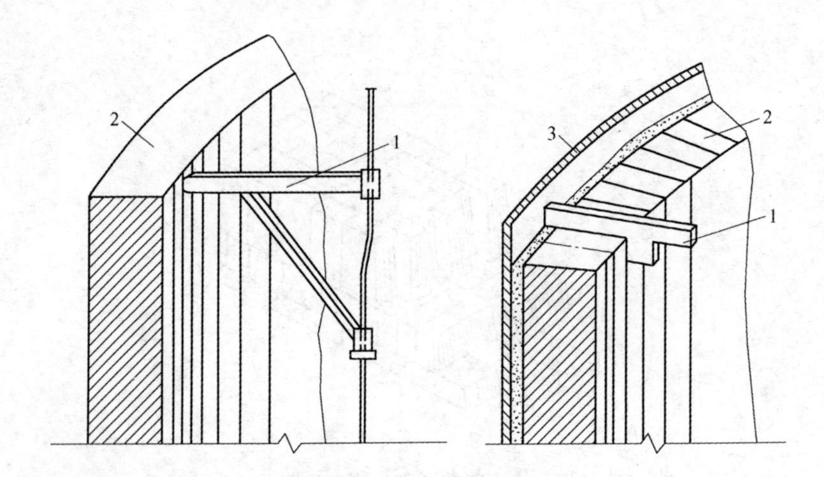

图 7－2　弧形墙的砌筑

1—样板；2—弧形墙；3—炉壳

7.2.3.2　炉底砌筑

炉底分死底和活底。砌筑时，先砌底后砌墙，墙压在底上，这种底称为死底。先砌墙后砌底，这种底称为活底。

砌底一般由炉子中间开始向两端进行。

砌筑炉子、通道和烟道的底的最上层砖时，一般将砖横砌，与炉渣及气体的流动方向垂直。根据炉子的生产要求，也有将炉底砌成反拱的。

7.2.3.3　拱顶砌筑

拱顶分为弓形拱、半圆形拱和平顶三种。突起与跨度之比在 1/12～1/2 之间（不包括 1/2）的拱称为弓形拱；突起为跨度的 1/2 的拱称为半圆形拱；没有突起的拱称为平顶，平顶多为悬挂式的。

砌筑拱顶有错砌和环砌两种方法。除设计规定或特殊结构部位环砌外，拱顶一般为错缝砌筑，如图 7－3 所示。

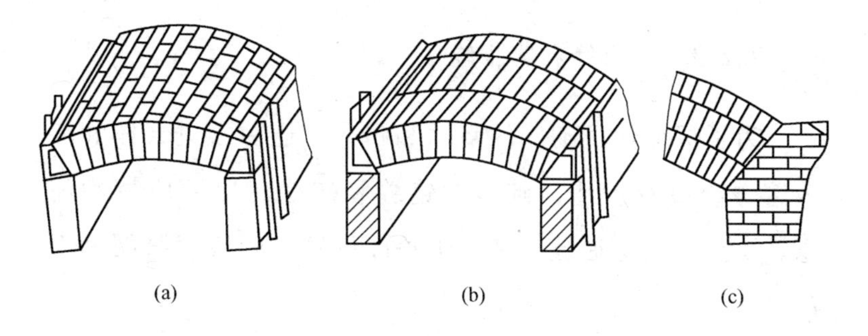

图 7－3 拱顶的砌法

（a）错砌拱顶；（b）环砌拱顶；（c）分层砌法

拱顶均用楔形砖砌筑，砌筑时先安装与拱顶形式相对应的拱架。对于连续作业炉的拱顶或工作温度比较高、易损坏、需要经常修理的拱顶可用环砌的方法，即炉顶砌砖前后通缝。拱顶砌筑从两边拱脚同时向拱顶中心对称进行，拱脚砖的角度与拱的角度应一致，并紧靠拱脚梁砌筑。如拱脚砖的后面有砌体时，则在该砌体砌完后，再开始砌筑拱顶。拱脚砖后面一般不砌强度低的硅藻土砖或轻质黏土砖等材料。拱顶拱砖的放射缝应与半径方向吻合。

为了增加炉顶的牢固性，拱顶砌砖最后要用锁砖锁紧。锁砖应沿拱顶的中心线对称、均匀地分布。打入锁砖时，先将靠近两边拱脚的锁砖同时均匀打入，最后打入中间的锁砖。矩形砖、砍掉厚度 1/3 以上的砖或砍凿侧面使大面成楔形的砖，不能做锁砖。

为了保持锁砖列的尺寸一致，两边拱脚砖的标高和间距在全长上应保持一致。

7.2.3.4 砌缝和膨胀缝

为了保证炉子砌体的坚固和耐久，避免透过气体和渗入熔融金属及炉渣，砌体的错缝和砖缝的厚度应特别注意，不允许有直通缝。加热炉各部位砌体的砖缝厚度见表 7－1。

表 7－1 加热炉各部位砌体的砖缝厚度

炉子名称	砌体部位名称	砖缝厚度(不大于)/mm
均热炉	底墙和吊挂炉盖	2
	烧嘴砖	2
	拱形炉盖	1.5
加热炉和热处理炉	镁砖或镁铬砖底	2
	加热炉预热段、加热段和均热段炉墙	2
	其他底和墙	3
	炉顶和拱	2
	烧嘴砖	2

由于耐火砖受热要膨胀，膨胀的数值与泥浆收缩或砖的重烧收缩不完全相等，因此需要根据砖的线膨胀系数及承受的温度计算膨胀缝，以避免钢结构和砌体的变形。炉子的膨

胀缝既不许减弱砌体的强度，也不允许漏过气体、炉渣及钢液。

为了保证膨胀均匀，膨胀缝应均匀分布，每个膨胀缝的尺寸要小，而膨胀缝的数量要多。一般膨胀缝间的间距不超过2m。在不致引起漏气和逸出燃烧产物的条件下，可以留集中膨胀缝，如拱顶两端靠近端墙处的膨胀缝。钢架及炉底结构与砌体之间也应留膨胀缝，以供钢结构自由膨胀。

砌体内部和外部的膨胀缝以及上层和下层的膨胀缝均要错开一定的位置，呈“弓”字形，彼此不相通。

表7－2为各种常用耐火材料内衬膨胀缝尺寸。

表7－2　各种常用耐火材料内衬膨胀缝尺寸

砌体材料	膨胀缝尺寸 /mm·m^{-1}	砌体材料	膨胀缝尺寸 /mm·m^{-1}
黏土砖砌体	5～6	黏土耐火浇注料	4～6
高铝砖砌体	7～8	硅酸盐水泥耐火浇注料	5～8
硅砖砌体	12～13	高铝水泥耐火浇注料	6～8
刚玉砖砌体	9～10	水玻璃耐火浇注料	4～6
镁铝砖砌体	10～11	磷酸盐耐火浇注料	6～8
镁砖砌体	10～14		

8 加热炉上料和出料设备及其工作原理

连续加热炉装料与出料方式有端进端出、端进侧出和侧进侧出几种，其中主要是前两种，侧进侧出的炉子较少见。

8.1 装料方式及其设备工作原理

炉子装料分端装与侧装两种方式。端装是炉外有辊道和辊道挡板，用步进梁或步进炉底将钢坯托入炉内，或在辊道与炉后装料炉门间增设装料台架，钢坯在辊道上定位后用推钢机推入炉内。表 8－1 为各轧钢厂加热炉所采用推钢机的类型和特征。

表 8－1　各轧钢厂加热炉所采用推钢机的类型和特征

序号	形式	特　征	适用范围
1	螺旋式	结构简单，质量轻，易于制造。但传动效率低，零件易磨损，推力、推速和行程均较小，应用受到限制	适用于小型、线材车间，推力在 20t 以下

续表 8-1

序号	形式	特征	适用范围
2	齿条式	传动效率高，工作稳定可靠，不需经常维修，推力、推速及行程较大。但结构复杂，自重大，制造困难	适用于推力在 20t 以上大、中、小型及钢板车间，应用较广
3	杠杆式	结构复杂，质量较大，行程较小。但推速高，操作灵活	适用于线材及小型车间推长料
4	液压式	结构简单，质量轻，工作平稳，调速方便。但需设置液压站、液压元件	适用于各种轧钢车间，各种吨位均可采用

推钢机的主要参数为推力、推钢速度和推钢行程。其中，推力是推钢机的命名参数，推钢速度取决于坯料断面性状和尺寸、炉子的产量要求以及出料方式等因素。一般各种断面坯料适宜的推速为：断面尺寸高 30 ~ 60mm 的坯料，推钢速度为 0.05 ~ 0.08m/s；断面尺寸高 100 ~ 300mm 的坯料，推钢速度为 0.1 ~ 0.12m/s。为了提高推钢机的生产率，减少间隙时间，一般要求推钢机低速推钢、高速返回，通常返回速度是推钢速度的两倍。推钢机的行程一般为 2500 ~ 4000mm，推力大的，行程也大。

棒线材加热炉的坯料往往较长，端装时装料门较宽。为了减少炉尾开口处的各项热损失，有的采用侧装，即在炉内后端设有悬臂管道、辊道挡板，钢坯由炉侧装料门进入炉内辊道。

8.2 出料方式及其设备工作原理

加热炉的出料方式有端出料和侧出料两种方式。端出料时受料辊道在炉外并和粗轧机的中心线一致，加热好的坯料沿着倾斜的滑道滑下，对着出料炉门在辊道旁边装着挡头，防止滑下的坯料越出辊道。长钢坯下滑时易于歪斜而卡住，所以这种设备一般用于5m以下的短坯料。端出料的优点是机械设备简单，配两座加热炉时，炉子能交替进行定期检修而不致影响生产；其缺点是出料炉门的辐射热损失大，易于吸入冷空气。

有的端出料的加热炉没有设置单独的出料装置，而是依靠炉后推钢机或炉底运送装置，将热坯沿带有一定斜度的直滑板或圆弧滑板滑至辊道上，如图8－1所示。前一个步进周期中已放到固定炉底上的钢坯，在步进炉底1前进时，其头部就将钢坯顶到斜坡上，钢坯自行下滑到炉外出料辊道6上。图8－1中用小推钢机5将钢坯从装料辊道4推入炉内。目前随着板坯质量的增加，板坯加热炉已采用出钢机来取出板坯。

图8－2所示为国产板坯加热炉出钢机的侧视图。出钢机由4根出钢杆的移动机构和出钢杆的抬升机构所组成。当炉

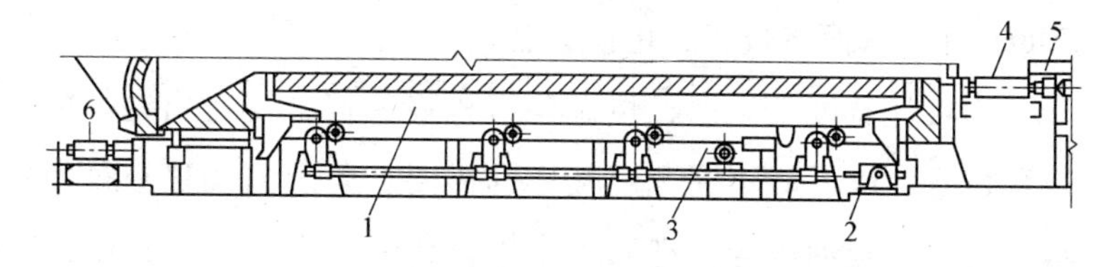

图8-1 端出料示意图

1—步进炉底；2—升降用液压缸；3—平移用液压缸；

4—装料辊道；5—推钢机；6—出料辊道

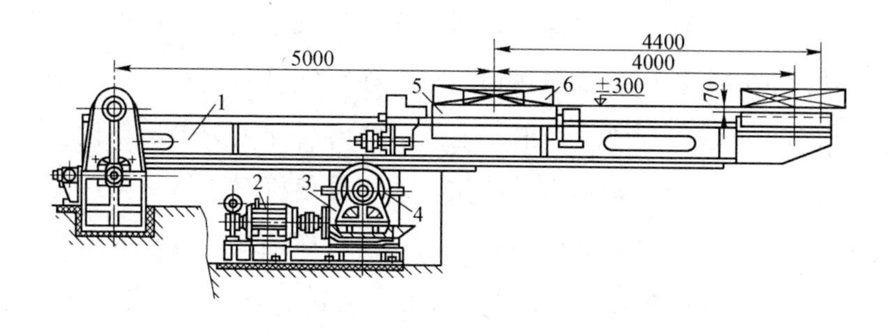

图8-2 国产热连轧机炉后出钢机的侧视图

1—出钢杆；2—电动机；3—蜗杆涡轮减速机；

4—偏心轮；5—辊道；6—板坯

内加热好的板坯靠炉前推钢机或步进式移钢机构，移至板坯终点控制装置的位置后，出钢杆1在电动机驱动下，通过减速机和齿条齿轮机构进入炉膛，停在板坯下面；然后开动旋转偏心轮的电动机2，通过蜗轮减速机，带动偏心为50mm的偏心轮4，抬起出钢杆1，使热板坯被抬起而脱离炉内滑轨，此时出钢杆电动机启动，使出钢杆抬着板坯推出炉膛，移至辊道上面；再次开动电动机2，使出钢杆下降到低于辊道面约

70mm 处，从而将板坯放在辊道上。

当板坯宽度变化时，可调整行程控制器，改变出钢杆的行程位置，以适应不同宽度板坯的需要。若炉内加热双排短板坯时，用气动离合器把两组出钢杆传动装置分开，每组出钢杆可以单独工作。

侧出料的出料炉门正对着粗轧机的中心线，用于连续式轧机时，轧机和炉子尽可能靠近，钢坯往往是一头刚进入轧机另一头还能在炉内保温，因而适用于长钢坯。这种设备的优点是出料炉门的辐射热损失小，冷空气吸入量少；缺点是机械设备较多，还经常消耗电能。侧出料加热炉的出料设备有推出机和炉内悬臂辊道两类。采用推出机时，钢坯到达出钢位置后推出机的推杆伸入炉内，将钢坯推出。有些推出机的推杆既能沿炉宽方向移动，又能沿出料炉门宽度方向移动。轧机侧的出料炉门处还装着带夹送辊的拖出机构，钢坯头部被推杆推出炉门进入夹送辊后，推杆便迅速返回。炉内悬臂辊道和推出机相比，其优点是只占了出料侧端墙附近的面积，在轧机出故障时便于坯料退回炉内，可以防止坯料表面被划伤；缺点是需要用耐热钢。

步进炉底和悬臂辊的配合情况如图 8－3 所示。炉子接到轧机要钢信号后，步进梁将固定梁上最后一个放钢位置上的钢坯托起来，向前步进到悬臂辊上方；步进梁下降将钢坯放置在悬臂辊道上出料。辊道通常由若干个辊子组成，各悬臂辊子由交流变频电动机单独传动，辊身与水冷轴用键连接。以往将辊子中心线与炉子中心线做成 3°左右的夹角，辊子呈

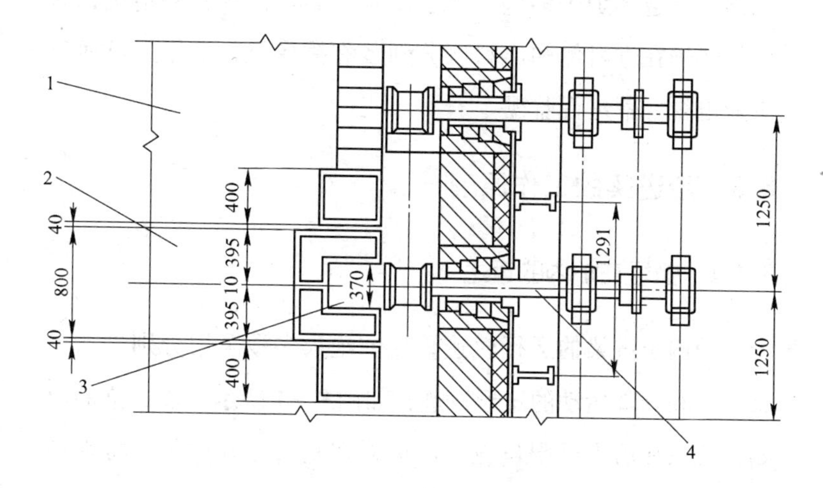

图 8－3　步进炉底和悬臂辊的配合情况

1—固定炉底；2—步进炉底；

3—步进炉底上的缺口；4—侧出料用悬臂辊

圆柱形，让钢坯在辊子旋转时产生向端墙一侧的分力，避免钢坯横移出辊道时碰撞步进梁或固定梁。近年来，将辊子中心线与炉子中心线做成平行，辊子呈倒锥形（或称 V 形），钢坯在辊道上靠近端墙运行，辊道靠近端墙一侧带辊盘，避免钢坯碰撞炉墙。为了使出料辊面保持较低温度，防止坯料底面的氧化铁皮粘在辊面上，出料辊辊身也可采用水冷。此时为了减少辊子在高温下的热损失，出料辊为可移动式，即在不输送钢坯时缩回炉墙内。

侧出料方式广泛用于棒线材等比较小型的钢坯，且作业线上只有一座炉子的情况，以往多采用推出机出料，近来采用出料辊道的炉子多些。为了便于观察炉内坯料的情况，有的加热炉在进料侧和出料侧分别装有摄像机，工作人员通过工业电视屏幕进行监视。

8.3 步进梁的工作原理

8.3.1 钢坯在炉内的运送

炉内步进梁的运行轨迹，目前绝大多数采用分别进行平移运动和升降运动的矩形轨迹，如图 8－4 所示。步进梁的原始位置设在后下极限位置，步进梁在垂直上升过程中将钢坯从固定梁上托起至上极限位置，即步进梁顶面由低于固定梁顶面升到高于固定梁顶面，然后步进梁前进一步，钢坯在炉内向前水平移动一个步距；步进梁垂直下降，将钢坯放置在固定梁上，步进梁再继续下降到下极限位置；然后向后水平移动一个步距，回到原始位置，完成一个步进动作。如此经多次循环，钢坯从炉子装料端一步步向出料端移动，至出料

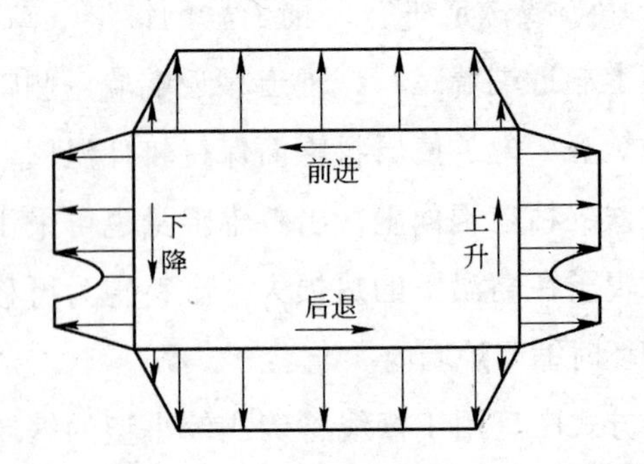

图 8－4　步进梁步进周期内运行速度变化曲线

炉门处钢坯已被加热到预定的温度，然后出料。

双步进梁式加热炉没有固定梁，由两组可动梁组成。第一组可动梁将钢坯抬起，前进过程中，第二组可动梁升起，从第一组可动梁上接过坯料并送进。如此循环工作，坯料如同炉底辊运输一般，可保持不变的作业中心线，以一定速度连续、平滑地运送。在运送过程中不会划伤钢坯下表面，并可与装出料辊道完全同步，其运送速度可自由调速，不但可逆送，而且能停下，不需要采取防备电源停电的紧急措施。

步进梁在运动过程中速度是变化的。其目的在于保证平移运动和升降运动的开始及停止时，以及在固定梁上托放钢坯时能慢速地进行，防止步进机械产生冲击和震动，避免钢坯底面在加热过程中出现缺陷和氧化铁皮脱落，损坏水管上的绝热材料。

步进梁运行方式有以下五种情况：

（1）踏步操作。即步进梁只做升降运动，主要用于坯料待轧。

（2）手动按钮操作。手动按钮操作主要用于钢坯的倒退运动，或称为逆循环，此时操作者可在循环的任何一点启动或停止步进梁，或者说单独运行升、降、进、退行程中的某一项。

（3）半自动操作。步进梁可做全周期运动或停止，由操作者控制。

（4）全自动操作。步进梁运动与半自动方式相同，但由轧机操作者控制。

(5) 根据计算机的指令操作。

步进式加热炉的步进机构由驱动系统、步进框架和控制系统组成。步进系统一般分为电动式和液压式两种，目前广泛采用液压式。现代大型加热炉的移动梁及上面的钢坯重达数百吨，使用液压传动机构运行稳定，结构简单，运行速度的控制比较准确，占地面积小，设备质量轻，比机械传动有明显的优点。液压传动机构形式如图 8－5 所示。图8－5（b）~图8－5（d）三种结构形式是目前比较常见的。我国应用较普遍为斜块滑轮式。以斜块滑轮式为例说明其动作的原理如图 8－6 所示，步进梁（移动梁）由升降用的下步进梁和进退用的上步进梁两部分组成。上步进梁通过辊轮作用在下步进梁上，下步进梁通过倾斜滑块支承在辊子上。上、下步进梁分别由两个液压油缸驱动，开始时上步进梁固定不动，上升液压缸驱动下步进梁沿滑块斜面抬高，完成上升运动；然后上升液压缸使下步进梁固定不动，水平液压缸牵动上步进梁沿水平方向前进；前进行程完成后，以同样方式完成下降和后退的动作，结束一个运动周期。

为了避免升降过程中的振动和冲击，在上升和下降及接受钢坯时，步进梁应该在中间减速。水平进退开始与停止时也应该考虑缓冲减速，以保证梁的运动平稳，避免钢坯在梁上擦动。其办法是用变速油泵改变供油量来调整步进梁的运行速度。

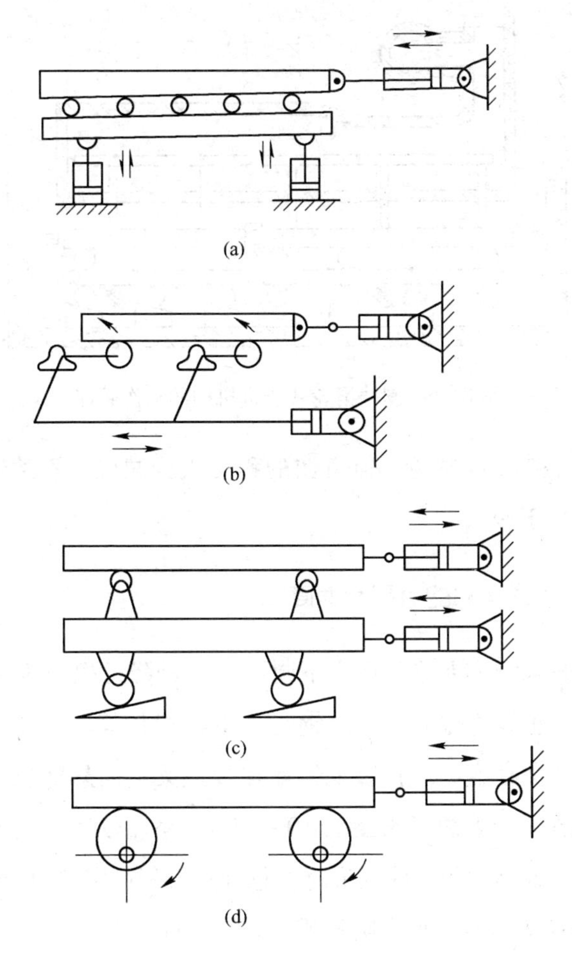

图 8-5 液压传动机构形式

（a）直接顶起式；（b）杠杆式；（c）斜块滑轮式；（d）偏心轮式

由于步进式炉很长，上、下两面温度差过大，线膨胀系数的不同会造成大梁的弯曲和隆起。为了解决这个问题，目前一些炉子将大梁分成若干段，各段间留有一定的膨胀间隙，

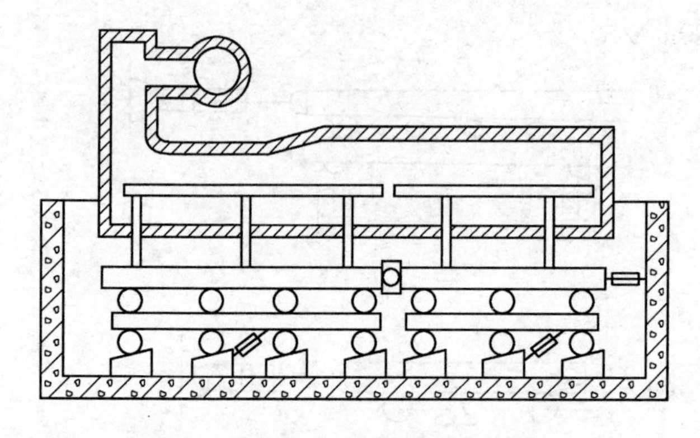

图 8-6 斜块滑轮式步进机构的动作原理

变形虽不能根本避免，但弯曲的程度大为减轻，不致影响炉子的正常工作。

8.3.2 步进运动的行程和速度

步进梁（或步进炉底，下同）的总升降行程一般是 70 ~ 200mm，正常情况下炉子过钢线上下行程相等。它和钢坯入炉前的弯曲程度、炉长以及钢坯在步进梁上的悬臂长度和支点距离有关。当炉子长度为 10 ~ 15m，钢坯较短，在炉内运行不会出现明显的弯曲变形时，总升降行程可定为 70mm；当炉长超过 20m 时，总升降行程可取 200mm。有时设计中让炉子过钢线上的行程大于过钢线下的行程，以减小坯料本身弯曲、炉底结渣对钢坯运行的影响。升降速度的平均值通常是 15 ~ 40mm/s。步进梁的平移行程和钢坯入炉前的弯曲程度、坯料的宽度以及坯料之间的间隙有关，一般是 160 ~ 300mm，它还要和炉子的有效长度相配合。步进梁移动速度通常是

30～80mm/s。提升速度慢些有利于减小提升过程中的炉底震动和电动机功率。有时为了节能和缩短步进周期，让步进梁在下降和后退时的速度尽量快些。坯料宽度相差较大时，必要情况下步进梁可以有几种平移行程。步进框架及步进机械分成两段时，加热段和均热段液压缸的平移行程往往是预热段液压缸平移行程的1～2倍。只有一套步进机械时，钢坯在炉内的最大移动速度就是平移行程与最短步进周期之比，此速度必须和装出料机械的节奏以及炉子的产量相协调。液压系统中采用比例阀及带压力传感器的变量泵，可以很方便地进行加减速控制，在升降行程和平移行程的起点和终点，做到炉底设备缓慢启动、平稳停止；在升降行程的中部，实现坯料的“轻托轻放”。

为了控制炉底机械运行的位置，采用无触点开关、光电开关、限位开关、液压缸内置或外置线性位移传感器等。为了减小钢坯跑偏，除了设置定心装置外，步进梁传动机械（包括步进用框架）的制造和安装时要求保证规定的精度，左右两套升降机构必须要求同步（使用同步轴、同步液压缸、同步油马达、伺服阀等），装钢时尽量按中心线对称布料。

轧钢生产的工艺过程

9.1 轧钢生产的工艺流程

将化学成分和形状不同的连铸坯或者钢锭，轧成形状和性能符合要求的钢材，需要经过一系列的工序，这些工序的组合和顺序称为工艺过程。由于钢材的品种繁多，规格形状、钢种和用途各不相同，因此轧制不同产品采用的工艺过程也不同。

正确地确定工艺过程，对保证产品的产量、质量和降低成本具有重要意义。

轧钢生产的工艺过程是相当复杂的。尽管随着轧制产品质量要求的提高、品种范围的扩大以及新技术、新设备的应用，组成工艺过程的各个工序会有相应的变化，但是整个轧钢生产工艺过程总是由以下几个基本工序组成：

（1）坯料准备。坯料准备包括表面缺陷的清理、表面氧化铁皮的去除和坯料的预先热处理等。

（2）坯料加热。坯料加热是热轧生产工艺过程中的重要工序。

（3）钢的轧制。钢的轧制是整个轧钢生产工艺过程的核心。坯料通过轧制完成变形过程。轧制工序对产品的质量起着决定性作用。

轧制产品的质量要求包括产品的几何形状和尺寸精确度、内部组织和性能以及产品表面质量三个方面。制订轧制规程的任务是：在深入分析轧制过程特点的基础上，提出合理的工艺参数，达到上述质量要求并使轧机具有良好的技术经济指标。

（4）精整。精整是轧钢生产工艺过程中的最后一个工序，也是比较复杂的一个工序。它对产品的质量起着最终的保证作用。产品的技术要求不同，精整工序的内容也大不相同。精整工序通常包括钢材的切断或卷取、轧后冷却、矫直、成品热处理、成品表面清理和各种涂色等许多具体工序。

9.2 轧钢生产各工序的作用

9.2.1 轧钢原料的准备

轧制时所用的原料有三类：钢锭、钢坯和连铸坯。

（1）钢锭。钢锭为炼钢车间的一种产品，也是轧钢车间早期所用的主要原始原料。

（2）钢坯（轧制坯）。在前些年，为满足成品轧钢车间对所需原料规格多样化和提高成品质量的要求，通常都预先在专门的车间（开坯车间）内将钢锭轧制成为各种断面尺寸的半成品——钢坯。现在已基本淘汰。

（3）连铸坯。液态钢不经传统的铸锭和开坯轧制两大工序，而由连铸机直接成坯的生产方法，近几年已得到了普及。使用不同规格的连铸机几乎可以生产出开坯机所轧出的各类规格钢坯，但它仅限于使用镇静钢或半镇静钢。

连续铸坯方法的优点是：金属消耗少，设备费用低，可节约能量消耗，钢坯的化学成分均匀等。但它没有像使用开坯机那样改变轧制品种时的灵活性，也不适于使用沸腾钢。

由以上分析可知，连铸坯在实际生产中占有绝对的优势，但是目前还不能完全代替模铸的生产，即连铸比没有达到100%。这是因为：

（1）有些钢种的特性还不能适应连铸的生产方式，或采用连铸法难以保证连铸的质量，如沸腾钢、高速钢的生产等。

（2）一些必须经锻造的大型锻造件，如万吨舱的主轴；一些大规格轧制产品，如特厚板、车轮轮箍、厚壁无缝钢管的生产，目前采用的原料仍是模铸的钢锭。

9.2.2 轧制前金属加热的目的

轧制前金属加热的目的如下：

（1）提高钢的塑性，降低变形抗力。因为钢锭或连铸坯在较高的温度下塑性好、变形抗力低，这样便于轧制时发生塑性变形。并且可以加大压下量，并使轧制设备满足强度要求。

（2）改善金属的内部组织和性能。坯料中的不均匀组织通过高温加热的扩散作用使组织均化，消除偏析。

原料加热的质量影响到轧钢生产的质量、产量及能耗。合理地确定加热制度，加热出合乎质量要求的原料，是优质、高产、低消耗地生产钢材的首要条件。

9.2.3 轧制的任务

轧钢工序的两大任务是精确成型及改善组织和性能，因此轧制是保证产品质量的一个中心环节。

9.2.3.1 精确成型

精确成型要求轧制后产品形状正确、尺寸精确、表面完整光洁。对精确成型起决定性影响的因素是轧辊孔型设计（包括辊型设计及压下规程）和轧机调整；变形温度、速度规程（通过对变形抗力的影响）和轧辊工具的磨损等也对精确成型产生很重要的影响。为了提高产品尺寸的精确度，必须加强工艺控制，这就不仅要求孔型设计、压下规程比较合理，而且也要尽可能地保持轧制变形条件稳定，主要是温度、速度及前后张力等条件的稳定。例如，在连续轧制小型线材时，这些工艺因素的波动直接影响到变形抗力，从而影响到轧机弹跳和辊缝的大小，影响到厚度的精确。这就要求对轧制工艺过程进行高度的自动控制。只有这样，才可能保证钢材成型的高精确度。

9.2.3.2 改善组织和性能

在改善钢材性能方面起决定性影响的因素是变形温度、

速度和变形程度。

（1）变形程度与应力状态对产品组织性能的影响。所谓变形程度主要体现在压下规程和孔型设计，因此，压下规程、孔型设计也同样对性能有重要影响。一般来说，变形程度愈大，三向压应力状态愈强，对于热轧钢材的组织性能愈有利。所以，在实际生产中，从产量、质量观点出发，在塑性允许的条件下，应该尽量提高每道的压下量，并同时控制好适当的终轧压下量。在这里，主要是要考虑钢种再结晶的特性，如果是要求细致、均匀的晶粒度，就必须避免落入使晶粒粗大的临界压下量范围内。

（2）变形温度对产品组织性能的影响。轧制温度规程的制定要根据有关塑性、变形抗力和钢种特性的资料来确定，以保证产品正确成型不出裂纹、组织性能合格及力能消耗少。轧制温度的确定主要包括开轧温度和终轧温度的确定。钢坯生产时，往往并不要求一定的终轧温度，因而开轧温度应在不影响质量的前提下尽量提高。钢材生产往往要求一定的组织性能，故要求一定的终轧温度。因而，开轧温度的确定必须以保证终轧温度为依据。

（3）变形速度或轧制速度主要影响到轧机的产量。因此，提高轧制速度是现代轧机提高生产率的主要途径之一。但是，轧制速度的提高受到电机能力、轧机设备结构及强度、机械化及自动化水平以及咬入条件和坯料规格等一系列设备和工艺因素的限制。要提高轧制速度，就必须改善这些条件。轧制速度或变形速度通过对硬化和再结晶的影响也对钢材性能和质量产生一定的影响。此外，轧制速度的变化通过摩擦系数的影响，还经常影响到钢材尺寸精确度等质量指标。总的来说，提高轧制速度不仅有利于产量的大幅度提高，而且对提高质量、降低成本等也有益处。

9.2.4 精整的作用

为使轧后的钢材具有合乎技术条件要求的尺寸、形状和各种性能，而进行的一系列处理工序称为精整。根据钢材品种不同，精整工序也有所不同。型材精整的程序及内容主要有热轧后型材的切断、冷却、矫直、质量检验、清除表面缺陷、热处理、打印、标记、称重和包装等。

全部精整工序在轧钢生产中算做后部工序，从事精整作业的工段或车间称为精整工段或精整车间，它往往比轧钢车间占地面积大。对于合金钢或高精度钢材的生产来说，精整工段占有特殊重要的地位。

加热炉的热工仪表及安全生产常识

10.1 加热炉的热工仪表

在冶金生产过程中，我们总希望加热炉一直处于最佳的工作状态，而靠人工来实现这一目标往往是不可能的。因此，一般都采用仪表将加热炉的工作参数显示出来，并对其进行一些检测，以此来指导操作和实现自动调节，从而达到增加产量、提高质量、降低热耗的目的。检测及调节的热工参数，主要为温度、压力、流量等几个基本物理量以及燃烧产物成分的分析等几个方面。对温度、压力、流量等可采用单独的专门仪表进行检测或调节，对燃烧产物成分可用专门的气体分析器进行检测或调节。这一类专用仪表称为基地式仪表。随着科学技术的发展，为了适应全盘自动化的需要，要求检测及调节仪表系列化、通用化，因而在20世纪60年代初期开始出现单元组合仪表，如今在我国的轧钢加热炉上也广泛采用这一类仪表。

对热工参数进行检测，无论采用哪类仪表，大体都由下列几部分组成：

（1）检测部分。它直接感受某一参数的变化，并引起检测元件某一物理量发生变化，而这个物理量的变化是被检测参数的单值函数。

（2）传递部分。将检测元件的物理量变化，传递到显示部分去。

（3）显示部分。测量检测元件物理量的变化，并且显示出来，可以显示物理量变化，也可以根据函数关系显示待测参数的变化。前者多采用在实验室内，而工业生产中大多数用后者，因为它比较直观。

由于电信号的传递迅速、可靠，传递距离比较远，测量也准确、方便，因此常将检测元件感受到待测参数的变化而引起的物理量变化，转换成电信号再进行传递，这类转换装置称为变送器。下面就介绍一下这些检测仪表。

10.1.1　测温仪表

用来测量温度的仪表，称为测温仪表。温度是热工参数中最重要的一个，它直接影响工艺过程的进行。在加热炉中，钢的加热温度、炉子各区域的温度分布及炉温随时间的变化规律等，都直接影响炉子的生产率及加热质量。检测金属换热器入口温度对预热温度及换热器使用寿命起很大作用，故对温度的正确检测极其重要。加热炉经常使用的温度计有热电偶高温计、光学高温计和全辐射高温计三种。

10.1.2 测压仪表

压力检测是指流体（液体或气体）在密闭容器内静压力与外界大气压力之差，即表压力的检测。压力检测是热工参数检测的重要内容之一。加热炉炉膛压力对炉子操作、加热质量及其产量均有重大影响。同时管道内煤气压力的检测是安全技术方面的重要内容。加热炉常用的测压仪表有U形液柱压力计、单管液柱压力计和管弹簧式压力计。

10.1.3 流量测量仪表

流量计是用来测定加热炉所使用的燃料（气体或液体）、空气、水、水蒸气等用量的仪器。有时还需要自动调节流量及两种介质的流量比，如燃料与助燃空气的流量比。准确地检测及调节流量对加热炉的经济指标十分重要，对节能工作具有重要意义。

流量计的种类繁多，按其测量原理，通常分为容积式流量计和速度式流量计两大类。加热炉上常用的是节流式差压流量计，即速度式流量计和孔板流量计。

10.2 煤气的安全使用

煤气是大型钢铁联合企业轧钢厂加热炉中最常用的燃料，它一方面有燃烧效率高，燃烧装置简单，易于控制，输送、操作方便等许多优点；另一方面还有极易产生煤气中毒和煤气爆炸的缺点，有时甚至造成厂毁人亡的严重后果。为了避免煤气事故的发生，每个加热工都应具有一定的安全知识，在日常操作上必须严格遵守煤气安全技术规程。

10.2.1 煤气中毒事故的预防及处理

10.2.1.1 发生煤气中毒的原因

煤气中使人中毒的成分有 CO、C_2H_4 和一些重碳氢化合物、苯酚等，其中以 CO 的毒性最大，CO 能与血液中的红细胞相结合，使人失去吸收氧气的能力，从而使人中毒和死亡，中毒的特征是头痛、头晕等。为了预防中毒，做到安全生产，在操作时应特别注意。

一氧化碳的密度同空气相近，一旦扩散就能在空气中长时间不升不降，随空气流动。由于它是一种无色、无味的气体，人的感官很难发现，因此往往使人在不知不觉中中毒。

10.2.1.2 煤气中毒事故的预防

新建、改建、大修后的加热炉煤气系统，在投产前必须经过煤气防护部门的检查验收。煤气操作注意事项如下：

(1) 对煤气设备要定期检查，如管道、阀门、放散管、排水器等。

(2) 凡在煤气区作业必须到防护站办理作业票，防护站到现场检查发现问题及时处理。

(3) 利用风向，在上风头工作不允许时，可根据现场 CO 浓度决定工作的时间长短。国标规定 CO 浓度及允许工作时间见表10-1。

表10-1 国标规定CO浓度及允许工作时间

CO浓度/mg·m^{-3}	允许工作时间
30（即24×10^{-6}）	可以长期工作
50（即40×10^{-6}）	可以工作1h
100（即80×10^{-6}）	可以工作半小时
200（即160×10^{-6}）	可以工作15~20min，但间隔时间2h

（4）上炉子工作时至少2人以上，点火时至少3人以上操作，并且必须佩戴煤气报警器。

（5）严禁在煤气区休息、打盹、用煤气水洗衣服等。

（6）所有报警器每班使用前校对一次。

（7）新建或改建大修后的煤气设备要进行严密性试验，符合标准才能使用。

（8）凡进行煤气放散前，要通知调度室，并由调度室通知汽化人员，严禁自行放散。

（9）煤气设备检修时应有可靠的切断煤气源装置。

（10）扫线时，胶管与阀门连接处捆绑铁丝不得少于两圈，开阀门时应侧身缓慢进行。扫线完毕拆胶管时应缓慢进行，把管内残气排净，方可拆掉，以免蒸汽烫伤人。

（11）带氧气呼吸器工作，应检查是否好用，是否有足够氧气。

（12）煤气作业区应常通风，CO含量应合格。

10.2.1.3 煤气中毒事故的处理

发生煤气中毒事故时，应立即用电话报告煤气防护站到现场急救，并指派专人接救护车；同时将中毒者迅速救出煤气危险区域，安置在上风侧空气新鲜处，并立即通知附近卫生所医生到现场急救；检查中毒者的呼吸、心脏跳动及瞳孔等情况，确定煤气中毒者的中毒程度，采取相应救护措施。

必须注意，当中毒者处于煤气严重污染区域时，必须戴好防毒面具才能进行抢救，不可冒险从事，扩大事故。

对轻微中毒者，如只是头痛、恶心、头晕、呕吐等，可直接送附近卫生所或医院治疗。

对较重中毒者，如有意识模糊、呼吸微弱、大小便失禁、口吐白沫等症状，应立即在现场补给氧气，待中毒者恢复知觉，呼吸正常后，送医院治疗。

对意识完全丧失、呼吸停止的严重中毒者，应立即在现场施行人工呼吸，中毒者未恢复知觉前，不准用车送往医院治疗。未经医务人员允许，不得中断对中毒者的一切急救措施。

为了便于抢救，应解开中毒者的领扣、衣扣、腰带，同时注意冬季的保暖，防止患者着凉。

发生煤气中毒事故后，必须查明原因，并立即处理和消除，避免重复发生同类事故。

10.2.2 煤气着火事故的预防及处理

10.2.2.1 煤气着火事故的预防

在冶金企业中，发生煤气着火事故是比较常见的，这方面的教训是深刻的，经济损失也比较严重。

发生煤气着火事故必须具备一定的条件：一是要有氧气或空气；二是有明火、电火或达到煤气燃点以上的高温热源。大多数的煤气着火事故都是由于煤气泄漏或带煤气作业时，附近有火源或高温热源而产生的。因此，防止煤气着火事故的根本办法就是严防煤气泄漏和带煤气作业时杜绝一切火源，严格执行煤气安全技术规程。

在带煤气作业中要使用铜质工具，无铜质工具时，应在工具上涂油，而且使用时应十分小心慎重。抽、堵盲板作业前，要在盲板作业处法兰两侧管道上各刷石灰液 1 ~ 2m，并用导线将法兰两侧连接起来，使其电阻为零，以防止作业产生火花。

在加热煤气设备上不准架设非煤气设备专用电线。

带煤气作业处附近的裸露高温管道应进行保温，必须防止天车、蒸汽机车及运输炽热钢坯的其他车辆通过煤气作业区域。

在煤气设备上及其附近动火，必须按规定办理动火手续，并可靠地切断煤气来源，处理净残余煤气，做好防火、灭火的准备。在煤气管道上动火焊接时，必须通入蒸汽，趁此时进行割、焊。

10.2.2.2 煤气着火事故的处理

一旦发生煤气着火事故，应立即用电话报告煤气防护站和消防队到现场急救。

当直径为100mm以下的煤气管道着火时，可直接关闭闸阀止火。

当直径在100mm以上的煤气管道着火时，应停止所有单位煤气的使用，并逐渐关闭2/3的阀门，使火势减小后再向管内通入大量蒸汽或氮气，严禁关死阀门，以防回火爆炸，让火自然熄灭后，再关死阀门。煤气压力最低不得小于50～100Pa，严禁完全关闭煤气或封水封，以防回火爆炸。

如果煤气管道内部着火应封闭人孔，关闭所有放散管，向管道内通入蒸汽灭火。

当煤气设备烧红时，不得用水骤然冷却，以防管道变形或断裂。

10.2.3 煤气爆炸事故的预防及处理

空气内混入煤气或煤气内混入了空气，达到了爆炸范围，遇到明火、电火花或煤气燃点以上的高温物体，就会发生爆炸。煤气爆炸可使煤气设施、炉窑、厂房遭破坏，人员伤亡，因此必须采取一切积极措施，严防煤气爆炸事故的发生。各种煤气的爆炸浓度及爆炸温度见表10－2。

表10－2 部分煤气的爆炸浓度和爆炸温度

气体名称	气体在混合物中的体积分数/%		爆炸温度/℃
	下限	上限	
高炉煤气	30.84	89.49	530
焦炉煤气	4.72	37.59	300
无烟煤发生炉煤气	15.45	84.4	530
烟煤发生炉煤气	14.64	76.83	530
天然气	4.96	15.7	530

10.2.3.1 产生煤气爆炸事故的主要原因

（1）送煤气时违章点火，即先送煤气、后点火，或一次点火失败接着进行第二次点火，不做爆发试验冒险点火，造成爆炸。

（2）烧嘴未关或关闭不严，煤气在点火前进入炉内，点火时发生爆炸。

（3）强制通风的炉子，发生突然停电事故，煤气倒灌入空气管道中造成爆炸。

（4）煤气管道及设备动火，未切断或未处理净煤气，动火时造成爆炸。

（5）煤气设备检修时无统一指挥，盲目操作，造成爆炸。

（6）长期闲置的煤气设备，未经处理与检测冒险动火，造成事故等。

应当指出：煤气爆炸的地点是煤气易于淤积的角落，如空煤气管道、炉膛及烟道和通风不良的炉底操作空间等，其中点火时发生爆炸的可能性最大。

10.2.3.2 煤气爆炸事故的预防

既然加热炉点火时最易发生煤气爆炸事故，那么预防爆炸事故首先就要做好点火操作的安全防护工作。

点火作业前应打开炉门，打开烟道闸门，通风排净炉内残气，并仔细检查烧嘴前煤气开闭器是否严密，炉内有无煤气泄漏，如炉内有煤气必须找到泄漏点，处理完毕并排净炉内残气，确认炉内、烟道内无爆炸性气体后，方可进行点火作业。

点火作业应先点火，后给煤气；第一次点火失败，应在放净炉内气体后重新点火，点火时所有炉门都应打开，门口不得站人。

在加热炉内或煤气管道上动火，必须处理净煤气，并在动火处取样做含氧量分析；含氧量达到20.5%以上时，才允许进行动火作业，管道动火应通蒸汽动火，作业中始终不准断汽。

在带煤气作业时，作业区域禁止无关人员行走和进行其他作业，周围30m内（下风侧40m）严禁一切火源和热碴罐、机车头、红坯等高温热源及天车通过，要设专人进行监护。

在煤气压力低或待轧、烧嘴热负荷过低以及烘炉煤气压力过大时，要特别注意防止回火和脱火，酿成爆炸事故。切不可因非生产状态而产生麻痹思想。

如果遇有风机突然停运及煤气低压或中断时，应立即同时关闭空气、煤气快速切断阀及烧嘴前煤气、空气开闭器。要特别注意首先要关闭煤气开闭器，切断煤气来源，止火完成后，通知有关部门，查明原因，消除隐患后，才可点火生产。

10.2.3.3　煤气爆炸事故的处理

发生煤气爆炸事故时，一般都伴随着设备损坏而发生煤气中毒和着火事故，或者产生第二次爆炸。因此，在发生煤气爆炸事故时，必须立即报告煤气防护站及消防保卫部门；切断煤气来源，迅速处理净煤气，组织人力，抢救伤员。煤气爆炸后引起的煤气中毒或煤气着火事故，应按相应的事故处理方法进行妥善的处理。

10.2.4　煤气回火事故的预防及处理

生产时，还应注意燃烧器的回火现象。回火就是煤气和空气的可燃混合物回到燃烧器内燃烧的现象。

回火的产生是由于煤气与空气的混合物从喷嘴喷头喷出的速度小于火焰传播速度。根据理论分析和现场操作实践总结出以下情况容易发生回火：

（1）煤气的压力突然大幅度降低。

（2）烧嘴的热负荷太小，混合可燃气体的喷出速度过低。

（3）烧嘴混合管内壁不光洁，混合可燃气体产生较大的涡流。

（4）关闭煤气的操作不当，如在关闭煤气时没有及时关闭风阀，空气就将窜入煤气管道中造成回火。

（5）混合气体喷出速度分布不均匀（在喷出口断面上）也容易引起回火。这是由于回火是在喷出速度小于燃烧速度（即火焰传播速度）的情况下发生的，而喷出速度不是指平均速度，而是指最小速度，因此在流速分布不均匀时，虽然混合气体的平均喷出速度大于燃烧速度，但其最小速度有时可能小于燃烧速度而造成回火。

（6）焦油及灰尘的沉析，也容易引起回火。特别是对使用发生炉煤气的炉子上，这种现象是相当严重的，一般发生炉煤气中的焦油在270℃以上就大量析出炭黑，它不但经常使喷嘴堵塞，并且它还会成为点燃物，从而使煤气过早自燃而引起回火。为此，有的单位将空气预热温度控制在300℃以下，以防止回火现象。

当烧嘴回火时，要关闭烧嘴，检查处理。如果烧嘴回火时间较长，已将烧嘴混合管烧红，应冷却混合管后再点燃。在实际操作中，要掌握煤气压力过低时不能送煤气这一点。

在实际操作中只要保证混合气体的喷出速度在30～50m/s之间就可以了，过大的喷出速度将使燃烧不稳定，火焰断续喘气，甚至熄火。这就是说在一定条件下，除考虑防止回火问题外，还必须注意“灭火”问题。

参考文献

[1] 蔡乔方. 加热炉（第3版）[M]. 北京：冶金工业出版社，2007.

[2] 戚翠芬. 加热炉 [M]. 北京：冶金工业出版社，2004.

[3] 杨意萍. 轧钢加热工 [M]. 北京：化学工业出版社，2009.

[4] 陈英明. 热轧带钢加热工艺及设备 [M]. 北京：冶金工业出版社，1985.

[5] 陈淑贞，等. 中厚板原料加热 [M]. 北京：冶金工业出版社，1985.

[6] 刘孝曾. 热处理炉及车间设备 [M]. 北京：机械工业出版社，1985.

[7] 孟繁杰，黄国靖. 热处理设备 [M]. 北京：机械工业出版社，1988.

[8] 蒋克昌. 钢丝拉拔技术 [M]. 轻工业出版社，1982.

[9] 臧尔寿. 热处理炉 [M]. 北京：冶金工业出版社，1983.

[10] 陈鸿复. 冶金炉热工与构造 [M]. 北京：冶金工业出版社，1993.

[11] 戚翠芬. 加热炉基础知识与操作 [M]. 北京：冶金工业出版社，2005.

[12] 日本工业协会. 工业炉手册 [M]. 北京：冶金工业出版社，1989.

[13] 葛霖. 筑炉手册 [M]. 北京：冶金工业出版社，1994.

[14] 热处理设备选用手册 [M]. 北京：机械工业出版社，1989.

[15] 王秉铨. 工业炉设计手册 [M]. 北京：机械工业出版社，1996.

[16] 蒋光羲，吴德昭. 加热炉 [M]. 北京：冶金工业出版社，1995.

[17] 南京机器制造学校. 热处理炉及车间设备 [M]. 北京：机械工业出版社，1984.

[18] 吴光英. 现代热处理炉 [M]. 北京：机械工业出版社，1991.

[19] 金作良. 加热炉基础知识 [M]. 北京：冶金工业出版社，1985.